当代儒师培养书系·儿童教育和发展系列

主编　舒志定

TRADITIONAL HANDICRAFT
——CHINESE KNOT

传统手工艺
——中国结

罗雅萍　/编著

Zhejiang University Press
浙江大学出版社

图书在版编目(CIP)数据

传统手工艺 : 中国结 / 罗雅萍编著. -- 杭州 : 浙江大学出版社, 2020.12（2022.1重印）
ISBN 978-7-308-20280-0

Ⅰ. ①传… Ⅱ. ①罗… Ⅲ. ①绳结－手工艺品－制作 Ⅳ. ①TS935.5

中国版本图书馆CIP数据核字(2020)第102109号

传统手工艺——中国结

罗雅萍　编著

责任编辑　朱　辉
责任校对　高士吟
封面设计　春天书装
出版发行　浙江大学出版社
（杭州市天目山路148号　邮政编码310007）
（网址：http://www.zjupress.com）
排　　版　杭州兴邦电子印务有限公司
印　　刷　杭州高腾印务有限公司
开　　本　787mm×1092mm　1/16
印　　张　8
字　　数　164千
版 印 次　2020年12月第1版　2022年1月第2次印刷
书　　号　ISBN 978-7-308-20280-0
定　　价　55.00元

浙江大学出版社市场运营中心电话（0571）88925591；http://zjdxcbs.tmall.com

总　序

　　把优秀传统文化融入教师教育全过程，培育有鲜明中国烙印的优秀教师，这是当前中国教师教育需要重视和解决的课题。湖州师范学院教师教育学院对此进行了探索与实践，以君子文化为引领，挖掘江南文化资源，提出培养当代儒师的教师教育目标，实践"育教师之四有素养、效圣贤之教育人生、展儒师之时代风范"的教师教育理念，体现教师培养中对优秀传统文化的尊重，昭示教师教育中对文化立场的坚守。

　　能否坚持教师培养的中国立场，这应是评价教师教育工作是否合理的重要依据，我们把它称作教师教育的"文化依据"（文化合理性）。事实上，中国师范教育在发轫之时就强调教师教育的文化立场，确认传承优秀传统文化是决定师范教育正当性的基本依据。

　　19世纪末20世纪初，清政府决定兴办师范教育，一项重要工作是选派学生留学日本和派遣教育考察团考察日本师范教育。1902年，朝廷讨论学务政策，张之洞就对张百熙说："师范生宜赴东学习。师范生者不惟能晓普通学，必能晓为师范之法，训课方有进益。非派人赴日本考究观看学习不可。"[1] 以1903年为例，该年4月至10月间，游日学生中的毕业生共有175人，其中读师范者71人，占40.6%。[2] 但关键问题是要明确清政府决定向日本师范教育学习的目的是什么。无论是选派学生到日本学习师范教育，还是派遣教育考察团访日，目标都是拟定教育方针、教育宗旨。事实也是如此，派到日本的教育考察团就向清政府建议要推行"忠君、尊孔、尚公、尚武、尚实"的教育宗旨。这10个字的教育宗旨，有着鲜明的中国文化特征。尤其是把"忠君"与"尊孔"立于重要位置，这不仅要求把"修身伦理"作为教育工作的首要事务，而且要求教育坚守中国立场，是传统中国道统、政统、学统在现代学校教育的传承与延续。

---

① 田正平：《传统教育的现代转型》，浙江科学技术出版社2013年版，第376页。
② 田正平：《传统教育的现代转型》，浙江科学技术出版社2013年版，第376页。

当然，这一时期坚持师范教育的中国立场，目的是发挥教育的政治功能，为清政府巩固统治地位服务。只是，这些"学西方、开风气"的"现代性"工作的开展，并没有改变国家进一步衰落的现实。因此，清政府的"新学政策"，引起了一批有识之士的反思、否定与批判，他们把"新学"问题归结为重视科技知识教育、轻视社会义理教育。早在1896年梁启超就在《学校总论》中批评同文馆、水师学堂、武备学堂、自强学堂等新式教育的问题是"言艺之事多，言政与教之事少"，为此，他提出"改科举之制""办师范学堂""区分专门之业"三点建议，尤其是强调开办师范学堂的意义，否则"教习非人也"。①梁启超的观点得到军机大臣、总理衙门的认同与采纳，1898年颁布的《筹议京师大学堂章程》中就明确要求各省所设学堂不能缺少义理之教。"夫中学体也，西学用也，两者相需，缺一不可，体用不备，安能成才。且既不讲义理，绝无根底，则浮慕西学，必无心得，只增习气。前者各学堂之不能成就人才，其弊皆由于此。"②很明显，这里要求学校处理好中学与西学、义理之学与技艺之学之间的关系，如果只重视其中一个方面，就难以实现使人成才的教育目标。

其实，要求学校处理好中学与西学、义理之学与技艺之学之间的关系，实质是对学校性质与教育功能的一种新认识，它突出学校传承社会文明的使命，把维护公共利益、实现公共价值确立为学校的价值取向。这里简要举两位教育家的观点以说明之。曾任中华民国教育部第一社会教育工作团团长的董渭川认为，国民学校是"文化中心"，"在大多数民众是文盲的社会里，文化水准既如此其低，而文化事业又如此贫乏，如果不赶紧在全国每一城乡都建立起大大小小的文化中心来，我们理想中的新国家到哪里去培植基础？"而这样的文化中心不可能凭空产生，"其数量最多、比较最普遍且最具教育功能者，舍国民学校当然找不出第二种设施。这便是非以国民学校为文化中心不可的理由"。③类似的认识，也是陶行知推行乡村教育思想与实践的出发点。他希望乡村教育对个人和乡村产生深刻的变革，使村民自食其力和村政工作自有、自治、自享，实现乡村学校是"中国改造乡村生活之唯一可能的中心"的目标。④

可见，坚守学校的文化立场，是中国教师教育的一项传统。要推进当前教师教育改革，依然需要坚持和传承这一教育传统。就如习近平总书记所说："办好中国的世界一流大学，必须有中国特色。……世界上不会有第二个哈佛、牛津、斯坦福、麻省理工、剑桥，但会有第一个北大、清华、浙大、复旦、南大等中国著名学府。我们要认真吸收世

① 梁启超：《饮冰室合集·文集之一》，中华书局1989年版，19—20页。
② 朱有瓛：《中国近代学制史料》第一辑（上册），华东师范大学出版社1983年版，第602页。
③ 董渭川：《董渭川教育文存》，人民教育出版社2007年版，第127页。
④ 顾明远、边守正：《陶行知选集》（第一卷），教育科学出版社2011年版，第230页。

界上先进的办学治学经验，更要遵循教育规律，扎根中国大地办大学。"[1]扎根中国大地办大学，才能在人才培养中融入中国优秀传统文化资源，培育具有家国情怀的优秀人才。

基于这样的考虑，我们提出把师范生培养成当代儒师，这符合中国国情与社会历史文化的发展要求。因为在中国百姓看来，"鸿儒""儒师"是对有文化、有德行的知识分子的尊称。当然，我们提出把师范生培养成当代"儒师"，不是要求师范生做一名类似孔乙己那样的"学究"（当然孔乙己可否称得上"儒师"也是一个问题，我们在此只是做一个不怎么恰当的比喻），而是着力挖掘历代鸿儒大师的优秀品质，将其作为师范生的学习资源与成长动力。

的确，传统中国社会"鸿儒""儒师"身上蕴含的可贵品质，依然闪耀着光芒，对当前教师品质的塑造具有指导价值。正如董渭川对民国初年广大乡村区域学校不能替代私塾原因的分析，其认为私塾的"教师"不仅要教育进私塾学习的儿童，更应成为"社会的"教师，教师地位特别高，"在大家心目中是一个应该极端崇敬的了不起的人物。家中遇有解决不了的问题，凡需要以学问、以文字、以道德人望解决的问题，一概请教于老师，于是乎这位老师真正成了全家的老师"[2]。这就是说，"教师"的作用不只是影响受教育的学生，更是影响一县一城的风气。所以，我们对师范生提出学习儒师的要求，目标就是要求师范生成长为师德高尚、人格健全、学养深厚的优秀教师，由此也明确了培育儒师的教育要求。

一是塑造师范生的师德和师品。要把师范生培养成合格教师，面向师范生开展师德教育、学科知识教育、教育教学技能教育、实习实践教育等教育活动。这其中，提高师范生的师德修养是第一要务。正如陶行知所说，教育的真谛是千教万教教人求真、千学万学学做真人，因此他要求自己是捧着一颗心来、不带半根草去。

当然，对师范生开展师德教育，关键是使师范生能够自觉地把高尚的师德目标内化成自己的思想意识和观念，内化成个体的素养，变成自身的自觉行为。一旦教师把师德要求在日常生活的为人处世中体现出来，就反映了教师的品质与品位，这就是我们要倡导的师范生的人品要求。追求高尚的人格，涵养优秀的人品，是优秀教育人才的共同特征。不论是古代的圣哲孔子、朱熹、王阳明等一代鸿儒，还是后来的陶行知、晏阳初、陈鹤琴等现当代教育名人，在他们一生的教育实践中，始终保持崇高的人生信仰，恪守职责，爱生爱教，展示为师者的人格力量，是师范生学习与效仿的榜样。倡导师范生向着儒师目标努力，旨在要求师范生学习历代教育前辈的教育精神，培育其从事教育事业的职业志向，提升其贡献教育事业的职业境界。

---

[1] 习近平：《青年要自觉践行社会主义核心价值观》，《中国青年报》2014年5月5日01版。
[2] 董渭川：《董渭川教育文存》，人民教育出版社2007年版，第132页。

二是实现师范生的中国文化认同。历代教育圣贤，高度认同中国文化，坚守中国立场。在学校教育处于全球化、文化多元化的背景下，更要强调师范生的中国文化认同。强调这一点，不是反对吸收多元文化资源，而是强调教师要自觉成为优秀传统文化的传播者，这就要求把优秀传统文化融入教师培养过程中。这种融入，一方面是从中国优秀传统文化宝库中寻找教育资源，用中国优秀传统文化资源教育师范生，使师范生接触和了解中国优秀传统文化，领会中国社会倡导与坚守的核心价值观，增强文化自信；另一方面是使师范生掌握中国优秀传统文化、社会发展历史的知识，具备和学生沟通、交流的意识和能力。

三是塑造师范生的实践情怀。从孔子到活跃在当代基础教育界的优秀教师，他们成为优秀教师的最基本特点，便是一生没有离开过三尺讲台、没有离开过学生，换言之，他们是在"教育实践"中获得成长的。这既是优秀教师成长规律的体现，又是优秀教师关怀实践、关怀学生的教育情怀的体现。而且优秀教师的这种教育情怀，出发点不是"精致利己"，而是和教育报国、家国情怀密切联系在一起。特别是国家处于兴亡关键时期，一批批有识之士，虽手无寸铁，但是他们投身教育，或捐资办学，或开门授徒，以思想、观念、知识引领社会进步和国家强盛。比如浙江朴学大师孙诒让，作为清末参加科举考试的一介书生，看到中日甲午战争中清政府的无能，怀着"自强之原，莫先于兴学"的信念，回家乡捐资办学，首先办了瑞安算学馆，希望用现代科学拯救中国。

四是塑造师范生的教育性向。教育性向是师范生是否喜教、乐教、善教的个人特性的具体体现，是成为一名合格教师的最基本要求。教育工作是一项专业工作，这对教师的专业素养提出了严格要求。教师需要的专业素养，可以概括为很多条，说到底最基本的一条是教师能够和学生进行互动交流。因为教师的课堂教学工作，实质上就是和学生互动的实践过程。这既要求培养教师研究学生、认识学生、理解学生的能力，又要求培养教师对学生保持宽容的态度和人道的立场，成为纯净的、高尚的人，成为精神生活丰富的人，能够照亮学生心灵，促进学生的健康发展。

依据这四方面的要求，我们主张面向师范生开展培养儒师的教育实践，不是为了培养儒家意义上的"儒"师，而是要求师范生学习儒师的优秀品质，学习儒师的做人之德、育人之道、教人之方、成人之学，造就崇德、宽容、儒雅、端正、理智、进取的现代优秀教师。

做人之德。对德的认识、肯定与追求，在中国历代教育家身上体现得淋漓尽致。舍生取义，追求立德、立功、立言三不朽，这是传统知识分子的基本信念和人生价值取向。对当前教师来说，最值得学习的德之要素，是以仁义之心待人，以仁义之爱弘扬生命之价值。所以，要求师范生学习儒师、成为儒师，既要求师范生具有高尚的政治觉悟、思想修养、道德立场，又要求师范生具有宽厚的人道情怀，爱生如子，公道正派，实事求是，扬善惩恶。正如艾思奇所说，要"天性淳厚，从来不见他刻薄过人，也从来不见他用坏心眼考虑过人，他总是拿好心对人，以厚道待人"①。

育人之道。历代教育贤哲都认为教育是一种"人文之道""教化之道"，也就是强调教育要重视塑造人的德行、品格，提升人的自我修养。孔子就告诫学生学习是"为己之学"，意思是强调学习与个体自我完善的关系，并且强调个体的完善，不仅是要培育德行，而且是要丰富和完善人的精神世界。所以，孔子相信礼、乐、射、御、书、数等六艺课程是必要的，因为不论是乐，还是射、御，其目标不是让学生成为唱歌的人、射击的人、驾车的人，而是要从中领悟人的生存秘密，这就是追求人的和谐，包括人与周围世界的和谐、人自身的身心和谐，成为"自觉的人"。这个观点类似康德所言教育的目的是使人成为人。但是，康德认为理性是教育基础，教育目标是培育人的实践理性。尼采说得更加清楚，认为优秀教师是一位兼具艺术家、哲学家、救世圣贤等身份的文化建树者。②

教人之方。优秀教师不仅学有所长、学有所专，而且教人有方。这是说，教师既懂得教育教学的科学，又懂得教育教学的艺术，做到教育的科学性和艺术性的统一。中国古代圣贤推崇悟与体验，正如孔子所说，"三人行，必有我师焉"，成为"我师"的前提，是"行"（"三人行"），也就是说，只有在人与人的相互交往中，才能有值得学习的资源。可见，这里强调人的"学"，依赖参与、感悟与体验。这样的观点在后儒那里，变成格物致良知的功夫，以此达成转识成智的教育目标。不论怎样理解与阐释先贤圣哲的观点，都必须肯定这些思想家的教人之方的人文立场是清晰的，这对破解当下科技理性主导教育的思路是有启示的，也能为解释互联网时代教师存在的意义找到理由。

成人之学。学习是促进人成长的基本因素。互联网为学习者提供了寻找、发现、传播信息的技术手段，但是，要指导学生成为一名成功的学习者，教师更需要保持强劲的学习动力，提升持续学习的能力。而学习价值观是影响和支配教师持续学习、努力学习的深层次因素。对此，联合国教科文组织在研究报告《反思教育：向"全球共同利益"的理念转变？》中明确指出教师对待"学习"应坚持的价值取向：教师需要接受培训，学会促进学习、理解多样性、做到包容、培养与他人共存的能力及保护和改善环境的能力；教师必须营造尊重他人和安全的课堂环境，鼓励自尊和自主，并且运用多种多样的教学和辅导策略；教师必须与家长和社区进行有效的沟通；教师应与其他教师开展团队合作，维护学校的整体利益；教师应了解自己的学生及其家庭，并能够根据学生的

---

① 董标：《杜国庠：左翼文化运动的一位导师——以艾思奇为中心的考察》；刘正伟：《规训与书写：开放的教育史学》，浙江大学出版社2013年版，第209页。
② 李克寰：《尼采的教育哲学——论作为艺术的教育》，桂冠图书股份有限公司2011年版，第50页。

具体情况施教；教师应能够选择适当的教学内容，并有效地利用这些内容来培养学生的能力；教师应运用技术和其他材料，以此作为促进学习的工具。联合国教科文组织的报告强调教师要促进学习，加强与家长和社区、团队的沟通及合作。其实，称得上是儒师的中国学者，都十分重视学习以及学习的意义。《礼记·学记》中说"玉不琢，不成器；人不学，不知道"；孔子也说自己是"十有五而志于学"，要求"学以载道"；孟子更说得明白，"得天下英才而教育之"是值得快乐的事。可见，对古代贤者来说，"学习"不仅仅是为掌握一些知识，获得某种职业，而是为了"寻道""传道""解惑"，为了明确人生方向。所以，倡导师范生学习儒师、成为儒师，目的是使师范生认真思考优秀学者关于学习与人生关系的态度和立场，唤醒心中的学习动机。

基于上述思考，我们把做人之德、育人之道、教人之方、成人之学确定为儒师教育的重点领域，为师范生成为合格乃至优秀教师标明方向。为此，我们积极推动优秀传统文化融入教师教育的实践，取得了阶段性成果。一是开展"君子之风"教育和文明修身活动，提出了"育教师之四有素养、效圣贤之教育人生、展儒师之时代风范"的教师教育理念，为师范文化注入新的内涵。二是立足湖州文脉精华，挖掘区域文化资源，推进校本课程开发，例如"君子礼仪和大学生形象塑造""跟孔子学做教师"等课程已建成校、院两级核心课程，成为优秀传统文化融入教师教育的有效载体。三是把社区教育作为优秀传统文化融入教师教育的重要渠道，建立"青柚空间""三点半学堂"等师范生服务社区平台，这些平台成为师范生传播优秀传统文化和收获丰富、多样的社区教育资源的重要渠道。四是重视推动有助于优秀传统文化融入教师教育的社团建设工作，例如建立胡瑗教育思想研究社团，聘任教育史专业教师担任社团指导教师，使师范生在参加专业的社团活动中获得成长。这些工作的深入开展，对向师范生开展优秀传统文化教育产生了积极作用，成为师范生认识国情、认识历史、认识社会的重要举措。而此次组织出版的"当代儒师培养书系"，正是学院教师对优秀教师培养实践理论探索的汇集，也是浙江省卓越教师培养协同创新中心浙北分中心、浙江省重点建设教师培养基地、浙江省高校"十三五"优势专业(小学教育)、湖州市重点学科(教育学)、湖州市人文社科研究基地(农村教育)、湖州师范学院重点学科(教育学)的研究成果。我们相信，该书系的出版，将有助于促进学院全面深化教师教育改革，进一步提升教师教育质量。我们更相信，把优秀传统文化融入教师培养全过程，构建先进的、富有中国烙印的教师教育文化，是历史和时代赋予教师教育机构的艰巨任务和光荣使命，值得教师教育机构持续探索、创新有为。

舒志定

2018年1月30日于湖州师范学院

前　言

中华民族的优秀传统文化是劳动人民智慧的结晶，更是取之不尽、用之不竭的民族财富。继承和弘扬优秀传统文化是中华儿女的历史使命，因此，开展优秀传统文化教育是学校必不可少的教育活动。优秀传统文化进校园是固本工程、铸魂工程和打底色的工程。教育部在《完善中华优秀传统文化教育指导纲要》中强调，要分学段有序推进中华优秀传统文化教育，并且明确提出在课程建设和课程标准修订中强化中华优秀传统文化内容，修订相关教材和组织编写中华优秀传统文化普及读物，要求将优秀的传统文化融入课程和教材体系中。

中国结是中华民族传统手工艺，渗透着中华民族特有的、纯粹的文化精髓，蕴含丰富的文化底蕴，体现了我国古代的文化信仰、中华民族的智慧和审美趣味，体现着人们追求真、善、美的良好愿望，是优秀传统文化进校园的重要载体。本书介绍了中国结源远流长的历史以及丰富的文化内涵，将中国结的文化意蕴与编结技能有机地结合起来，循序渐进地介绍了20种基本结、10种变化结的特点与编结技法，同时还介绍运用基本结、变化结编制的27例结艺作品，图文并茂，为编结爱好者学习、创作、应用中国结提供了全面的参考和借鉴。

本书编写历时近两年，是作者对十余年中国结艺教学经验的总结。为了使读者阅读时一目了然，更加有效地学习，书中每个结饰都是作者亲手编制，并尽可能用通俗易懂的语言描述编结步骤与方法，图文对照，极其详尽。在本书编写过程中，作者的女儿——湖州师范学院教师应黛玮给予了最大的支持，本书所有的照片均由她设计、拍摄，衷心感谢她的辛勤付出。此外，本书编写时还参阅了多本结艺类图书，在此一并致以深深的谢意。

罗雅萍

目　录

第一章 ／ 悠远的中国结文化

第二章 ／ 基本结

第三章 ／ 变化结

第四章 ／ 中国结的组合与应用

第一章
悠远的中国结文化

【学习目标】通过本章学习，了解中国结的发展历史和丰富的文化内涵，认识编制中国结的主要工具和材料，掌握编结的基本要领和接线、抽线、跟线、绕线、修饰等技巧，并具备初步的结艺鉴赏能力。

一、中国结的发展历史

中国结，全称为中国传统装饰结，是中国特有的一种手工编织工艺品，其历史源远流长。中国结所显示的智慧与情致是中华古老文明的一个侧面。它始于上古，兴于唐宋，盛于明清，复兴于当下。

（一）始于上古

很久以前中国人就学会了打结。在中国人的生活中，结一直占据了举足轻重的地位。结之所以具有如此的重要性，原因之一在于它是一种非常实用的技术，这可以从许多史料和传统习俗中略见端倪。

远古时期，原始先民就地取材，用各种草、藤、竹、麻、棕、树枝等拧扭、交叉，用于捆扎果实、猎物，最原始的编结就产生了。"结"被大量地运用于劳动生产和生活中，人们不但结网捕鱼，用绳结捆绑、制造弓箭、石枪等复合工具进行狩猎活动，还用绳结缝衣打结。最早的衣服没有今天的纽扣、拉链等配件，要想把衣服系牢，就只能借助将衣带打结这个方法。在北京周口店的山顶洞人文化的遗址中，考古学家发现了"骨

针"的存在。既然有针，那时就也一定已有了绳线，由此可以推断，早在旧石器时代末期，山顶洞人已经知道如何把绳子系在一起打结，知道使用骨针和线将兽皮缝合起来穿在身上蔽体御寒；简单的结绳和缝纫技术应已具雏形。

上古先民还通过结绳来记事。远古的绳结就是文字的前身，担负着记载历史的重要使命。据《周易·系辞》载："上古结绳而治，后世圣人易之以书契。"东汉郑玄在《周易注》中道："结绳为约。事大，大结其绳；事小，小结其绳。"在战国铜器上所发现的数字符号上还留有结绳的形状。由这些历史资料来看，绳结确实曾被用作辅助记忆的工具，也可说是文字的前身。

在长期的社会实践中，绳结朴素的实用功能和神圣的记事功能引发了人们的审美关注，绳结的审美内涵便逐渐形成。春秋战国时期，绳结已经摆脱了实用的羁绊，以相对独立的审美姿态进入到装饰领域，绳结由实用性功能逐渐向装饰性功能发展。尽管缺乏绳结实物加以证实，但以其他形式——器物装饰——保留下来的绳结"纹样"，足以佐证绳结审美发展的历程。战国时期的青铜双龙络纹瓶上作为装饰的绳结纹，其格局和结构都保持着原来捆绑瓶、罐以便提携的状貌。绳结纹与双龙纹结合形成富有特定文化含义和时代审美情趣的图案，这表明绳结所具有的实用意象和工匠们对绳结的深厚感情，已融合发展成独到的装饰构思和贴切自然的器体装饰。

结不仅用于器体的装饰，同时也运用在人们的佩饰、穿衣上。周代盛行佩玉之风，玉佩需要绳结连缀，所以，玉佩形制如玉璜、玉珑等都钻有小圆孔，以便于线绳穿过后将这些玉佩系在衣服上。古人有将印鉴系结佩挂在身上的习惯，比如流传下来的汉印，方方都带有印纽。而古代铜镜背面中央都铸有镜纽，可以系绳以便于手持。古人着装习尚"宽衣博带"，要想使衣服服帖、保暖，就得靠衣带系紧并打结。在古人的衣装上，结的样式很丰富，有束服之结，也有装饰之结，飘逸的带和美妙的结已成为中国古典服饰的重要组成部分。东晋大画家顾恺之所绘《女史箴图》（见图1-1）相当真实地反映了当时的社会形貌，我们可以由画中了解当时妇女装饰之一斑。例如，在画中仕女的发带、腰带上，就发现有单翼的简易蝴蝶结作为实用的装饰物。

由于经常要打结、解结，古人身上常常佩有觿（xī）这种专门用于解结的工具（见图1-2）。《说文解字》中解释道："觿，佩角，锐端，可以解结。"

（二）兴于唐宋

唐宋是我国文化艺术发展的一个重要时期，中国结被大量地运用于服饰及器物中，呈明显的兴起之势。如唐代铜镜（见图1-3）的双莺衔同心结纹样、宋代的狮子滚绣球砖刻，都生动地表现了当时中国结的应用与发展。在唐代永泰公主墓的壁画（见图1-4）中，有一位仕女腰带上的结，就已经是我们通称的蝴蝶结了。在此期间，结也从简单的

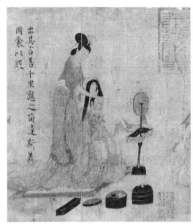

图1-1 《女史箴图》局部

图1-2 古代解结用的觿

图1-3 唐代铜镜

图1-4 唐代永泰公主墓壁画局部

装饰变为诗词称颂的对象。唐朝著名诗人孟郊的《结爱》，当属这方面的代表之作："心心复心心，结爱务在深。一度欲离别，千回结衣襟。结妾独守志，结君早归意。始知结衣裳，不如结心肠。坐结行亦结，结尽百年月。"

（三）盛于明清

明清时期，是我国传统绳结技艺发展的鼎盛时期。在诸多日常生活用品上都能见到美丽的花结装饰，如轿子、窗帘、帐钩、肩坠、笛箫、香袋、发簪、项链、眼镜袋、烟袋等，下方常编有美观的装饰结，含有吉祥的寓意。这些结式样之繁多、配色之考究、名称之巧妙，令人叹为观止。结艺在明清时达到鼎盛。"交丝结龙凤，镂彩织云霞。一寸同心缕，千年长命花。"在古代诗人的词句中，结艺已经到了"织云霞"的地步，足见其盛况。在曹雪芹著的《红楼梦》第三十五回"白玉钏亲尝莲叶羹，黄金莺巧结梅花络"中，有一段描述贾宝玉与莺儿商谈编结络子（络子就是结子的应用之一）的对白，专门就结子的用途、饰物与结子颜色的调配以及结子的式样名称等做了详尽的描述。用莺儿的话说，就是"每样打一个，十年也打不完"，这说明当时的结艺已经发展到十分高超的水平。现存清朝所保留下来的一些玉佩、香囊（见图1-5）、扇坠、发簪等饰品，件件都缀有错综复杂、变化多端的结子及流苏。清代绳结装饰的服饰配件，形成固定的装饰模式，风格明快活泼，充满吉祥寓意和欢乐的情绪。

图1-5　清代玉佩、香囊

（四）复兴于当下

民国以来，由于西方观念以及科学技术的大量输入，中国原有的社会形态和生活方式产生重大的改变，再加上对于许多固有的文化遗产并未善加保存和传扬，以致许多实用价值不高、制作费时费事的优秀传统文化技艺逐渐式微，甚至在不断朝现代化蜕变的社会中湮没。中国传统的编结技艺便是一个代表性例子。此外，由于中国结所采用的材料，不管是用动物纤维或用植物搓成的绳线，都受到先天条件的限制，经不起长年累月的各种物理和化学侵蚀，无法长久流传于后世，21世纪所能找到的附属于器物上的绳结，最古老的也只是清代遗物。

大约在20世纪90年代初，现代人被一种怀旧思绪牵引着，开始了对传统的搜寻，传统结艺自然也被不断发掘出来。从旧石器时代的缝衣打结，后推展至汉朝的仪礼记事，再演变成今日的装饰手艺，古老的中国结艺术迎来一个全新的发展时期。许多制作传统工艺的厂家不断开发、制作结艺产品；一些工艺美术、服装设计院校设有专门的结艺课程；随着网络的普及，网络上也出现了专门讨论中国结艺的网站，如中国结艺网聚集了数十万中国结爱好者，成立了各地中国结爱好者联谊会，定期组织研讨聚会，同时也进行绳结艺术分级审核工作。不过，现代结艺已不是简单的传承，它更多地融入了现代人对生活的诠释，加进了现代人的巧思。人们更注重结艺体现的现代装饰意味，将木艺、年画中的多种技巧与结艺结合，使今天的人们更乐于接受。随着绳线质量的不断提高，新的结艺制作材料如锦纶线、涤纶线、丝线等不断出现，这些绳材品种多样，色彩丰富，可以长久保存。结的形式更加新颖，用途更加广泛。中国结不但可以配合现代服饰，编成戒指、耳坠、手链、项链、腰带、古典盘扣等，成为引领国际时尚潮流的重要元素，还可以制作大型壁挂、室内挂件、汽车挂件等吉祥挂饰。我国一些大型信息企业、银行也采用了有连接吉祥等美好含义的中国结作为企业的标识（见图1-6）。中国结的装饰之美和深刻内涵，以其独特的方式为现代生活增添着情趣。

 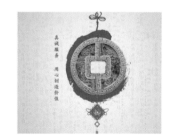

图1-6　中国联通标志和中国银行形象标志

中国结，不仅仅是一种美的形式和巧的结构的展示，更是一种自然灵性和人文精神的表露。其"费时、费工"的背后，蕴藏着质朴、自然的情愫，蕴藏着机器永远无法替代的人工之美。它不但作为一种美丽的艺术，更作为中国文化的代表走向世界，为世人欣赏赞叹。

二、中国结的文化内涵

悠久的历史和漫长的文化沉淀使中国结渗透着中华民族特有的、纯粹的文化精髓，它不仅是美的形式和巧的结构的展示，更包含着自然灵性和丰富的人文内涵。中国结

以其独特的东方神韵、丰富多彩的变化，充分体现了中国人民的智慧和深厚的文化底蕴。一根根五彩的丝线，悬垂在居室四周，古朴而风情流转。自然浓郁的生活气息以及吉祥漂亮的中国结，既为主人祈祷来年的平安富贵，同时也体现着主人不同的个性与审美观念。

（一）谐音取义，寄寓吉祥

"绳"与"神"谐音，中国文化在形成阶段，曾经崇拜过绳子。据文字记载："女娲抟黄土作人……乃引绳于泥中，举以为人。"又因绳像盘曲的蛇龙，中国人是龙的传人，龙神的形象，在史前时代，是用绳结的变化来体现的。"结"字也是一个表示力量、和谐，充满情感的字眼，无论是结合、结交、结缘、团结、结果，还是结发夫妻，永结同心，"结"都给人一种团圆、亲密、温馨的美感。"结"与"吉"谐音，"吉"有着丰富多彩的内容，福、禄、寿、喜、财、安、康，无一不属于"吉"的范畴。"吉"是人类永恒的追求主题，"绳结"这种具有生命力的民间技艺也就自然成为中国优秀传统文化的精髓，绵延不绝，流传至今。

中国结的特点是，每一个结从头到尾用一根线编结而成，没有正反，左右对称，首尾相接，这种独特的造型艺术象征着生命的连绵不断，蕴蓄着平和、完满与吉祥。到了明清时期，人们开始根据其形、意给结命名，为它赋予了更加丰富的内涵，把不同的结饰结合在一起，或用其他有吉祥图案的饰物搭配组合，就形成了造型独特、绚丽多彩、内涵丰富的传统吉祥饰物。结饰的含义一是取自结饰形状，比如：方胜结表示方胜平安，如意结代表吉祥如意，双鱼结代表吉庆有余，团锦结表示前程似锦，盘长结表示长命百岁，同心结代表永结同心等。二是取其谐音，比如：双联结意为双双成对；"吉祥结""馨结""鱼结"组合，表示吉庆有余；"蝙蝠结""金钱结"组成福在眼前；蓝线编的鞋子意为"拦邪"，鞋饰挂在墙上意为"辟邪"等。人们在新婚的帐钩上，装饰一个"盘长结"，寓意一对相爱的人永远相随相依，永不分离；在佩玉上装饰一个"如意结"，引申为称心如意，万事如意；在扇子上装饰一个"吉祥结"，代表大吉大利，吉人天相，祥瑞、美好；在剑柄上装饰一个"法轮结"，有生生不息、因果轮回、弃恶扬善等寓意；在烟袋上装饰一个"蝴蝶结"，"蝴"与"福"谐音，寓意福在眼前，福运送至；大年三十晚上，长辈用红丝绳穿上百枚铜钱作为压岁钱，以求孩子"长命百岁"；端午节用五彩丝线编制成绳，挂在小孩脖子上，用以避邪，称为"长命缕"；本命年里为了祛病除灾，用红绳扎于腰际：所有这些都是用"结"这种无声的语言来寄寓吉祥。总之，中国结不仅具有造型、色彩之美，而且这些长寿安康、财物丰满、团圆美满、幸福吉祥和喜庆欢乐等内涵，无不体现着中华民族追求真善美的良好愿望。

（二）寄情寓意，诗词相传

中国人在表达情爱方面往往采用委婉隐晦的形式，因而"结"自然而然地充当了男女相思相恋的信物。将那缕缕丝绳编制成结，赠予对方，万千情爱、绵绵思恋也都蕴含其中。作为寄情寓意的象征物，"结"为历代文人墨客所吟诵。《诗经》中关于结的诗句有："亲结其缡，九十其仪。"这是描述女儿出嫁时，母亲一面与其扎结，一面叮嘱许多礼节时的情景。这一婚礼上的仪式，使"结缡"成为古时成婚的代称。战国时屈原在《楚辞·九章·哀郢》中写道："心絓结而不解兮，思蹇产而不释。"作者用"絓结而不解"来表达自己对祖国命运的忧虑和牵挂。古汉诗中亦有"著以长相思，缘以结不解。以胶投漆中，谁能别离此？"的诗句，其中用"结不解"和胶漆相融来形容感情的深厚，可谓是恰到好处。古人喜欢用锦带编成连环回文式的结来表达相爱的情愫，并美其名为"同心结"，以此表示两颗心紧密相连、恩爱情深、永结同心之意，因而"同心结"就成了表达爱情的信物。魏晋时的傅玄在《青青河边草篇》中写道："梦君结同心，比翼游北林。"唐代李贺有"无物结同心，烟花不堪剪"的诗句，而唐朝的教坊乐曲中，还有"同心结"这个词牌名。南北朝时梁武帝诗中有"腰间双绮带，梦为同心结"，宋代诗人林逋有"君泪盈、妾泪盈，罗带同心结未成，江边潮已平"的诗句。两者一为相思，一为别情，表不清的爱慕之意，言不尽的楚楚忧伤，道不完的凄凄苦涩，都可以借"结"来传达。纵观中国古代诗词歌赋，我们不难从中发现，绳结早已超越了原有的实用功能，伴随着中华民族的繁衍壮大、生活空间的拓展、生命意义的增加和社会文化体系的发展而世代相传。"结"字，把我们同祖先思绪相连；"结"字，使我们与古人情意相通。正可谓：天不老，情难绝，心似双丝网，中有千千结。

渐渐地，中国风刮了起来。于是，街头巷尾，我们常常会看见时髦的女孩子身着传统的中式衣服：精致的盘扣、织锦的质地，让人一望之下，隐约品到了远古的神秘与东方的灵秀，不禁遐想一番。于是，伴随着中国风，我们看见了那散发着传统芳香的中国结艺。也许是沉淀得太久，它的古色古香，让人不禁神往。

三、中国结的编制技巧

（一）编结的步骤

1.编

依据结式和配饰，选定质地与色彩适宜的线，就可以开始编中国结。刚开始编时，初学者常会被一些复杂的线路弄得眼花缭乱，头绪不清，所以在编的时候，需要保持轻松平和的心境，并借助一些工具。可以用珠针把线固定在泡沫板上，用镊子或针借带着

线头，按图示走线。起初，人们不易把握编每一种结大约需要多长的线。线太短了不够编一个结，太长了又碍手碍脚，因此为了方便读者起见，本书在说明做法时均告知所需线的型号、长短。如果用较粗或较细的线，长度可自行增或减。如果结饰要配个饰物作为坠子，开始编时就要先把饰物穿在线的正中央，然后依照图解的步骤，按部就班地去编。线的两头可以用火烧一下使其硬直，便于走线。

俗话说熟能生巧。编结是一种技艺，要达到轻车熟路，融会贯通，就必须勤加练习。初学者可以先从学习基本结入手，每学一个结，多练几次，直到熟练为止，然后再做下一个。反复练习一种结时，可只用一根线来编，编了拆，拆了又编，一直练习到熟练为止，因为拆也是一种练习，有助于初学者加深对线路走向的了解和记忆。基本结学会了，其他组合结、应用结便可驾轻就熟。中国结花样多，可以任学习者自行变化、创作。

2. 抽

在编中国结的过程中，抽是最重要的一个步骤，往往比编更费时费力，因为编是按图示走线，只要细心一点，人人都可以编出。但结饰各部分的大小比例，整个结体的造型美观与否，关键在于抽线。抽线要松紧有度，不同抽法可得到不同结形，相当讲究。有的结需抽得紧一点，有些则需抽得松一点才能显出其美感。技法得当，可以使结面挺括有型；技法不当，结面则松垮疲沓。抽时要注意以下几点：

（1）抓耳翼，抽结心。

有内外耳翼的结（如盘长结）编好后，先拿掉内耳翼的定位针，再开始进行抽的步骤。抽时要先抓外耳翼，抽紧结心。结的主体抽紧便不会松散，但不能抽得太紧，因为还需调整耳翼。注意不要操之过急，首先要认清抽的是哪些线，然后再左右或上下均匀施力，慢慢抽紧，不用在意耳翼大小。等结心部分抽紧后，再来调整耳翼大小。

（2）线平走，防扭转。

抽的时候要注意线有否扭转，如果扭转，一定要调到平整。扁形的线扭转了固然不好看，就是圆形的线扭转了，也会使结形缩转，不精致，影响整体美感。

刚开始抽时，由于不太了解结的构造，常会发生抽错头的现象，抽了半天又回到原来的地方，或者抽散了，结形抽没了，只要多练习几次后就会轻松自如了。

（3）顺走向，调耳翼。

耳翼的大小和长短可以根据需要随意处理，但必须依据线的走向，从起线调到尾线，这样循序渐进，才不易混乱。所以，抽形时要看清方向，弄清楚先抽哪个线头，保留几个耳翼。

3. 修

结子做好以后，为了使结形更坚固、美观，常常需要在修饰上下功夫，使结饰品更加精致美观。常用的修饰法有三种：

（1）藏线头。

由于中国结是精致的饰物，所以线头之类的小地方切不可疏忽，需要我们细心处理和修整。不要让散乱的线头破坏中国结的整体美感，线头要尽量藏得天衣无缝，无迹可寻。处理线头的方法很多，可以打简单的小结或把线头藏在结子里，也可用金银细线把线头缠绕起来，缠绕时最好每缠数圈缝一下，以免松散。

（2）做穗子。

线头如果正好在结子的下端，可以利用现成的各色流苏当穗子。如配不到同色的现成流苏，也可以用同色的细线或将本线散开，自己做流苏。也可以穿上珠子，打简单的结作为收束：如果是单线，可以打八字结收尾；如果是双线，则可以打纽扣结、双联结、藻井结收尾。

（3）镶珠子。

结子做好后，可以在其空隙处缝上珠子做装饰。要注意的是珠子等饰物对结只是起点缀和填补空隙的作用，珠子的颜色、形状、质地要和结形相配，起到绿叶衬红花的作用，不能喧宾夺主。具体方法有两种：分开镶和连着镶。

4.缝

除了少数结形牢固的结子，如盘长结、磬结以及用斜卷结做成的结子，结构较为密实，其他结子的结构都不甚牢固，易松散变形，影响美观。为使它们保持长久而结形不变，就要在做好后，马上在其易松动的地方，用同色线暗缝在结形里，这样结子才不会变形并保持长久造型。

（二）编结的要领

如果想编出一个美观、称心的结，编结者一定要谨记以下要诀：

1. 心要静，气要顺

平心静气是学编中国结的关键。编中国结需要耐心、细心，如果不小心挑、压错一根线，就需要重新编过，所以静心、耐心、细心缺一不可，心浮气躁是编不好结的。所以，编结也是一种情趣高雅的艺术活动，可以陶冶性情，修身养性。

2. 看图解，记走向

编结是一项手工活，也许今天照着图解编出了满意的结，但不经常练，就会渐渐生疏。所以编结时要记清线的走向，记清是穿还是压，是向上还是向下等。

3. 巧搭配，精修饰

中国结讲究配件与结艺之间的色彩、造型及材质的搭配。一件完美的作品，往往是配件与结艺之间的自然融合，以最佳效果呈现。譬如平时佩戴的翡翠、玉佩、琉璃挂

坠，结艺是用来衬托物品的价值与光彩，就可以针对物品的色彩、材质来设计结体的造型与色彩；如果要凸显的是结子，选用珠子或小配件来做装饰时，就不能用太大或太过鲜艳的饰物；需要配流苏的，以同色系为佳。为防变形，结体编成后可借助定型胶修饰定型，以保持结饰品的最佳形态。

4.不拘泥，善创新

学编结不要拘泥，要活学活用。不要只停留在模仿，要学会举一反三，触类旁通，迁移运用，并能尝试创意设计和制作新结饰品，把自己的艺术美感和浓浓的情思融合并注入其中，充分表现出中国结的细腻精致、古朴典雅之美。

（三）编结的技巧

1.接线的技巧

编结各种作品时，偶尔会出现线的长度不足，或者要利用每次编结剩余的线头，这时就需要掌握接线技巧。

（1）选择适合的长度，把要接的两个线头修剪整齐，对齐接口，如图1-7（a）所示。

（2）用打火机烧烤线头约3秒钟，直至线头熔化，如图1-7（b）所示。烧接时线头不要放在火焰上面，那样易烧糊、烧焦，影响结形美观。

（3）趁着两线头尚未硬化之前，迅速将其对准顶部连接，如图1-7（c）所示。

（4）待凝固后试拉线段，看是否牢固，有突出的地方可以用剪刀修剪，使接线点平滑，如图1-7（d）所示。如还有突出的线缕，可再略做烘烤。想要使穿缝更顺利，可用透明胶将其包牢。

（a）

（b）

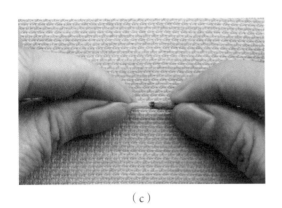
（c）

（d）

图1-7　接线的技巧

2.绕线的技巧

在编中国结手链、项链时经常会用到一些小线圈，编小线圈和做流苏时都会用到绕线的技巧。

绕线的技巧

（1）取一根5号线做主线，再取一根细线做绕线，将绕线如图1-8（a）所示折弯后，放在5号线上。

（2）取左边的细线返回来向左缠绕，如图1-8（b）所示。注意缠绕时要平整，不要压线。

（3）缠绕到需要的长度后，将线头从折弯时留出的线圈中穿出，拉紧右边的线头，如图1-8（c）所示。

（4）剪掉两头的线，完成，如图1-8（d）所示。

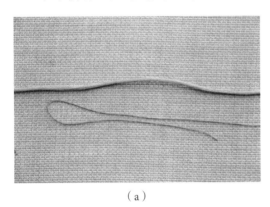
（a）

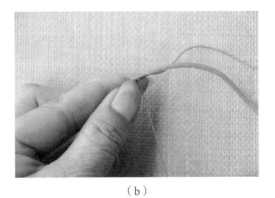
（b）

（c）

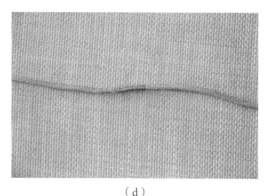
（d）

图1-8　绕线的技巧

走线的技巧

3. 走线的技巧

在编双钱结手链、项链、龟背结、笼目结、十全结、袈裟结等结饰品时，为使结饰品平整美观，有时会用到走线的技巧。下面以十孔笼目结为例进行走线。

（1）先取一根5号线做一个十孔笼目结，做完后把线调到一边，如图1-9（a）所示。

（2）取右边的长的线跟着短的线的外沿走线（也可以是内沿），如图1-9（b）所示。注意线要平走，不要扭转，同时要紧贴着里面的线，既不能有空隙，也不能叠起来。

（3）走完一圈，可以继续再走一圈，如图1-9（c）所示。

（4）剪去余线，烧粘，如图1-9（d）所示。

可以用不同颜色的线走线，注意：走线次数多，结形就大，一开始的结形要松散一些；走线次数少，结形就小，一开始的结形要紧密一些。

（a）

（b）

（c）

（d）

图1-9　走线的技巧

4. 做流苏的技巧

有的结饰品需要配上穗子加以装饰，使结饰品更加灵动、飘逸典雅。配穗子以同色系为佳，有些可以利用现成的各色流苏当穗子，配不到同色的现成流苏，就需要用同色的细线或将本线散开，自己做流苏。

（1）准备流苏线32根、中流苏管1个、一次性筷子1根、金线若干，如图1-10（a）所示。

（2）取其中1根线，在流苏线中间捆绑好，如图1-10（b）所示。

（3）将一次性筷子插进流苏线及流苏管中固定，如图1-10（c）所示。

（4）将另一半流苏线均匀地覆盖在流苏管外，如图1-10（d）所示。

（5）取金线对折做出长短线，如图1-10（e）所示。

（6）用长线绕圈，缠绕到需要的长度后，将线头从折弯时留出的线圈中穿出，如图1-10（f）所示。

（7）拉紧另一端的线，如图1-10（g）所示。

（8）剪去两个线头，修剪一下流苏线，一个流苏就做好了，如图1-10（h）所示。（大流苏管用线42根、中流苏管用线32根、小流苏管用线22根）

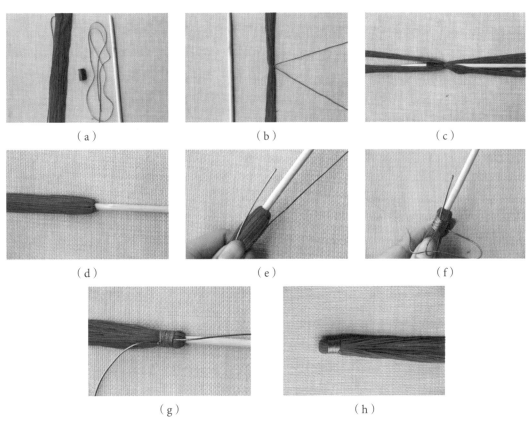

（a）　　　　　　　　　（b）　　　　　　　　　（c）

（d）　　　　　　　　　（e）　　　　　　　　　（f）

（g）　　　　　　　　　（h）

图1-10　做流苏的技巧

四、编结工具和材料

（一）工具

编结主要是靠一双巧手，古人编结时是让线在手中盘绕，就能编出各式优美的结形。为方便学习者，特别列出几种经常用到的简便工具，如图1-11所示。

图1-11　编结工具

1.海绵垫（或泡沫板）、珠针

在编较复杂的结时，可以在一块泡沫板上利用珠针来固定线路。

2.镊子、钩针

一根线要从别的线下穿过时，可以利用镊子和钩针来辅助。

3.剪刀、针线、尺子

结饰编好后，为固定结形，可用针线（同色线）在关键处稍微缝几针。尺子用来量线的长短。另外，为了修多余的线，一把小巧的剪刀是必需的，锋利、尖嘴的较适合。

4.打火机、胶棒

打火机用来烧线头、线尾，或者接线；胶棒用来黏合、定型。

（二）材料

1.绳

中国结的制作中，绳子是主要的材料。绳的种类很多，像丝、棉、麻、尼龙、混纺等等，都可用来编结。究竟采用哪一种线，得看要编哪一种结，以及结要做何用途而定。一般来讲，编结的线纹路愈简单愈好，一条纹路复杂的线，虽然未编以前看来很美观，但是取来编结，在一般情况下，不但结的纹式尽被吞没，而线的本身具有的美感也会因结子线条的干扰而失色。

各色各类的线能够编出许多形态与韵致各异的结。想编什么结，就得挑合适的线，如果颜色与质地不适宜，编出的结可能效果大打折扣。同时，一件结饰要讲求整体美，不仅用线要得当，结子的线纹要平整，结形要匀称，还有结子与饰物的关系也要多用心，两者的大小、质地、颜色及形状都应该能够配合并相辅相成才好。线的粗细，首先要看饰物的大小和质感。形大质粗的东西，宜配粗线；雅致小巧的物件，则宜配以较细的线。假如编一件不为结合器物而纯为艺术欣赏的独立作品，譬如壁饰等一类室内装饰品，则用线比较自由，不同质地的线可以编出不同风格的作品。选线也要注意色彩，为古玉一类古雅物件编装饰结，线宜选择较为含蓄的色调，诸如咖啡或墨绿；为一些形制单调、色彩深沉的物件编配装饰结时，若在结中夹配少许色调醒目的细线，譬如金、银或者亮红，立刻会使整个物件栩栩如生，璀璨夺目。除了用线以外，一件结饰往往还包括镶嵌在结面的圆珠、管珠，做坠子用的各种玉石、金银、陶瓷、珐琅等饰物，如果选配得宜，就如红花绿叶，相得益彰了。

绳子的硬度要适中。如果用太硬的线编结，转折操作较不方便，结形也不易把握；如果线太软，编出的结形不挺拔，轮廓不显著，棱角不突出，但是扇子、风铃等具有动感的器物下面的结子，则宜采用质地较软的线，使结与器物能合而为一，在摇曳中具有动态的韵律美。

绳子的选用还要注意其光泽度和韧性（质量差的绳子捏着会有一种中空的感觉），虽然取材可以不拘一格，但专业的编织用绳会更容易成型，编出的结也更美观漂亮。如图1-12所示是一些常用的中国结编制用线。

中国结讲求整体美，要求用线得当，线纹平整，结形匀称，还有结子与饰物的搭配要合理，二者的大小、质地、颜色及形状都应配合协调，相辅相成为最佳。线太硬，编结时转折操作就不方便；线太软，又不能编出结形挺拔、轮廓明显的结；所以一定要选合适的线材。中国结最适宜以及最常用的编结线材为5号线。

图1-12　各种绳材

2. 饰物配件

（1）配饰。

配饰主要是用来装饰结子的（见图1-13）。配饰的材料大多采用珠、玉、陶瓷制品、环佩、金、银、珐琅、民间工艺品等。其应用可以根据造型的设计进行安排。

图1-13　各种配饰

（2）穗子。

穗子也是用来装饰结饰的，能使结饰品更加典雅（见图1-14）。任何线都可以做穗子，但特定的流苏线是最好的，因为它质地轻而且细，光滑不易打结，垂感好，在微风中有飘逸感。

图1-14　各色流苏

（3）附属配件。

除穗子、珠子等主体配饰外，其他配饰都属此类（见图1-15）。如别针、发夹、项链接头扣、耳环夹等。这些配件尽量选择做工精致、耐用的品种。

图1-15　各种配件

五、中国结结艺饰品欣赏（见图1-16至图1-24）

图1-16　手链

图1-17　杯垫

图1-18　书签

图1-19　蔬果

图1-20　动物

图1-21　香囊

图1-22　花饰

图1-23　挂饰（1）

图1-24　挂饰（2）

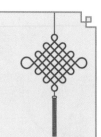

习题与训练

1. 简述中国结的发展轨迹。

2. 中国结有哪些文化内涵?

3. 盘长结、团锦结、同心结、双联结、磬结的寓意分别是什么?

4. 说一说中国结抽线时有哪些要领,有哪些常用的修饰法。

5. 取一根5号线,若干细线,试着用绕线法做几个小线圈。

6. 取若干流苏线、管子和细金线,试着做几个流苏。

第二章

基本结

【学习目标】通过本章学习，了解双联结、双钱结、平结、万字结、八字结、蛇结、金刚结等二十种基本结的特点、内涵、用途以及编制方法，能按照图示及其说明编结，学会编常见的基本结。

一、双联结

（一）内涵与特点

"联"，有连、合、持续不断之意。本结是以两个单结相套连而成，故名"双联结"。联与连同音，在中国吉祥语中，可以隐喻为连中三元、连年有余、连科及第等。

双联结最大的特点是不易松散，结形小巧，正、反面都呈"×"状，如图2-1（f）所示。

（二）用途与材料

双联结属于较实用的结，常被用于主体结饰的开端或结尾，有时用来编项链或腰带中间的装饰结，也别有一番风味。

单结用绳长度：5号线，50厘米。

（三）编结步骤与方法

（1）取5号线50厘米，将其对折。

（2）左线从右线底下经过，并沿逆时针方向旋转，形成一个圆环，如图2-1（a）所示。

（3）左线在左侧打一个活结，如图2-1（b）所示。

（4）右线拨到左边，在左线的下面沿逆时针方向回到右边，并将尾线从后往前穿过第一个圆环，如图2-1（c）所示。

（5）继续将尾线从后往前穿过第二个圆环，如图2-1（d）所示。

（6）拉紧上下的线，如图2-1（e）所示。

（7）调整结形，完成后如图2-1（f）所示。

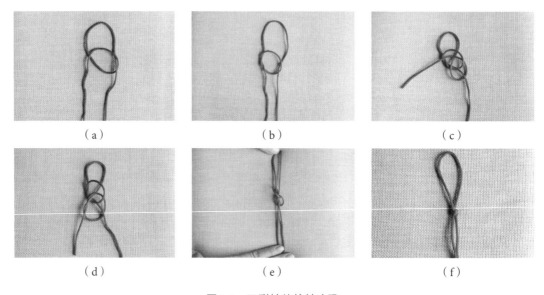

（a） （b） （c）

（d） （e） （f）

图2-1 双联结的编结步骤

双钱结

二、双钱结

（一）内涵与特点

双钱结又称"金钱结"或"双元宝"，因结形很像两个叠在一起的铜钱而得名，象征"好事成双"。古时钱又称为"泉"，与"全"同音，可寓意为"双全"。

双钱结有3个外环（尾线烧粘后变为4个外环），呈古钱状，如图2-2（d）所示。只用一头（右边线头）编结时，能使其横向连接，如图2-3（d）所示；两头同时编时能使其纵向连接，如图2-4（d）所示。制作时可保持一定松度，留一点空隙，走双线或多圈编制可得到更多平整美观的造型。为防止变形，可用针线在交叉处将其固定。

（二）用途与材料

双钱结用途广泛，可以单独做结饰，也可以随意组合。常被应用于编制项链、腰带、玫瑰花等饰物，而利用数个双钱结的组合，更可构成美丽的图案，如云彩、十全结。

单结用绳长度：5号线，50厘米1根。

（三）编结步骤与方法

1.单个双钱结

（1）取5号线50厘米，将其对折。

（2）右线沿逆时针方向旋转形成一圆环，如图2-2（a）所示。继续将右线沿逆时针方向旋转又形成一圆环，压在前一圆环的上面，这时右线到了左边，如图2-2（b）所示。

（3）右下线运行：先从左下线上面过，然后从左边的圆环穿出，从两环交叉处穿入，再从右边的圆环穿出，如图2-2（c）所示。

（4）收紧，整形，如图2-2（d）所示。

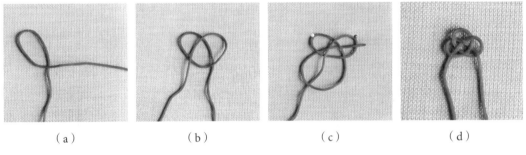

|（a）|（b）|（c）|（d）|

图2-2　单个双钱结的编结步骤

2.横编双钱结

（1）只用右边线头编结。把编好的双钱结调到线的一头，并以此为右线，沿逆时针方向旋转形成一圆环，如图2-3（a）所示。

（2）继续将右线沿逆时针方向旋转又形成一圆环，压在前一圆环的上面，这时右线到了左边，如图2-3（b）所示。

（3）右下线运行：先从左下线上面过，然后从左边的圆环穿出，从两环交叉处穿入，再从右边的圆环穿出，如图2-3（c）所示。

（4）收紧整形，继续以有结的线头做右线编结，编到所需长度，如图2-3（d）所示。

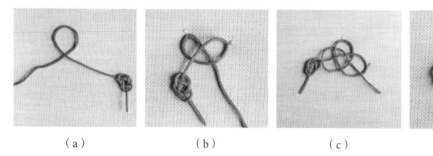

（a）　　　　　　（b）　　　　　　（c）　　　　　　（d）

图2-3　横编双钱结

3.竖编双钱结

（1）将线对折，居中编一个双钱结，左线压在右线上形成第一个圆环，如图2-4（a）所示。

（2）将右线沿逆时针方向旋转又形成一圆环，压在前一圆环的上面，这时右线到了左边，如图2-4（b）所示。

（3）右下线运行：先从左下线上面过，然后从左边的圆环穿出，从两环交叉处穿入，再从右边的圆环穿出，如图2-4（c）所示。

（4）调整好形状，继续把左线压在右线上形成第一个圆环，接着按照步骤（2）—（3）的方法编双钱结，编到所需长度，如图2-4（d）所示。

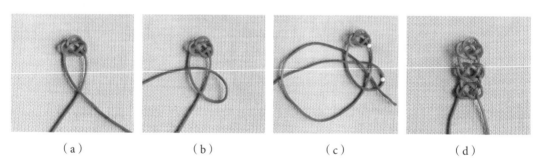

（a）　　　　　　（b）　　　　　　（c）　　　　　　（d）

图2-4　竖编双钱结

平结

三、平结

（一）内涵与特点

平结是一个最古老、最通俗和最实用的结。"平"有高低相等、不相上下之意，同时，又有征服、稳定的含义。含有"平"字的吉祥语很多，如延寿平安、平福双寿、富贵平安、平步青云等。

编此结时，如在竖轴的两边相互编结，编出的结形就会非常平整，如图2-5（g）所示；如只用一头朝着一个方向连续编，结形便会出现扭转，出现另一种不同的形式，叫作"扭平结"，如图2-6（e）所示。

（二）用途与材料

平结的用途甚广，常用于编结提包、网篮等，也常用于缠绕环形物，还可用来连接粗细相同的绳索，连续数十个平结可编成手镯、项链、门帘，或编制动物，如蜻蜓、蝴蝶的身体部分。

单结用绳长度：5号线，50厘米1根，30厘米2根。

（三）编结步骤与方法

1.平结

（1）取5号线30厘米2根做轴（也可以1根轴），50厘米线从轴下穿过，然后打一个活结，如图2-5（a）所示。

（2）左线放在轴上，如图2-5（b）所示。

（3）右线压左线从轴后面穿环，如图2-5（c）所示。

（4）拉紧两个线头，如图2-5（d）所示。

（5）右线放在轴上，如图2-5（e）所示。

（6）左线压右线从轴后面穿环，如图2-5（f）所示，然后拉紧，整形。

（7）重复步骤（2）—（6）的编法，编至需要的长度，如图2-5（g）所示。

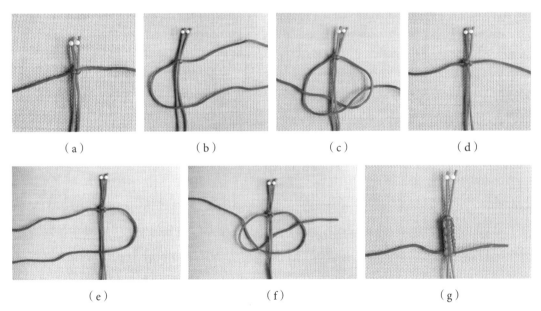

（a） （b） （c） （d）

（e） （f） （g）

图2-5 平结的编结步骤

2.扭平结

如果每次都只用一边的线朝着一个方向连续编：都按右线放轴上，左线压右线从轴后面穿环，或者都按左线放轴上，右线压左线从轴后面穿环，重复编，结形就会旋转。以右线为例：

（1）右线放在轴上，如图2-6（a）所示。

（2）左线压右线从轴后面穿环，如图2-6（b）所示，然后拉紧。

（3）右线放在轴上，如图2-6（c）所示。

（4）左线压右线从轴后面穿环，如图2-6（d）所示，然后拉紧。

（5）重复以上编法，编至需要的长度，如图2-6（e）所示。

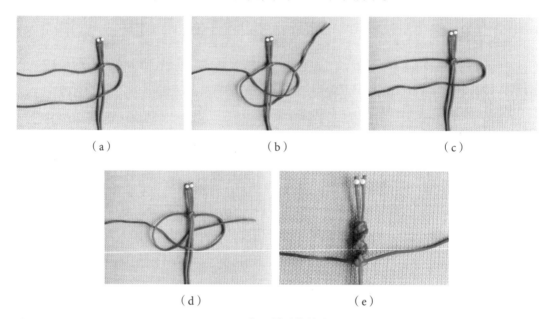

（a）　　　　　　　　（b）　　　　　　　　（c）

（d）　　　　　　　　（e）

图2-6　扭平结的编结步骤

万字结

四、万字结

（一）内涵与特点

"万"常写作"卍"，本结因结心似"卍"字而得名。"卍"原为梵文，为佛门圣地的吉祥标识，在武则天长寿二年（693），被采用为汉字，读为"万"，被视为吉祥万福之意。如以"卍"字向四端纵横延伸，互相连锁作为各种花纹，意味着永恒，连绵不断，这就叫作"卍字锦"。

万字结形状与酢浆草相似，故又称之为"酢浆草结"，共有3个单耳翼，如图2-7(e)所示，正反面图案一致。此结易松散，编好后可用针线固定。

（二）用途与材料

万字结常用来做结饰的点缀，如编制吉祥饰物可大量使用，以寓"万事如意""福寿万代"；可以编蜻蜓的身体和翅膀。

单结用绳长度：5号线，60厘米1根。

（三）编结步骤与方法

（1）取5号线60厘米对折，在中心点用珠针固定，左线打一个活结，如图2-7（a）所示。

（2）右线从后面往前穿过左边的环，然后打一个活结，如图2-7（b）所示。注意：两个圆环中间相交，左线线头在圆环下面，右线线头在圆环上面。

（3）如图2-7（c）所示，右手拉左边的环，左手拉右边的环，分别从左右两个活结的轴心经过，如图2-7（d）所示。

（4）拉紧结心，整形完成，如图2-7（e）所示。

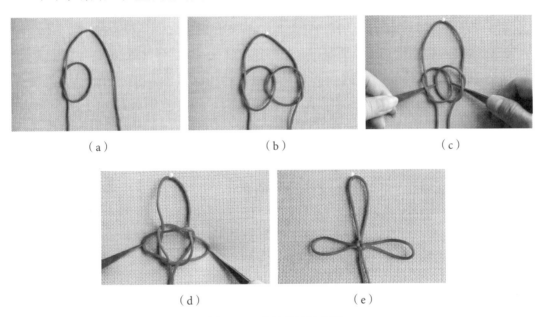

（a）　　　　　　　　　（b）　　　　　　　　　（c）

（d）　　　　　　　　　（e）

图2-7　万字结的编结步骤

五、八字结

八字结

（一）内涵与特点

此结由一单线绕另一线，交叉走8字环绕，故称为"八字结"。"八"与"发"谐音，象征事业发达、财源滚滚。在意大利，人们把八字结称为"皇室结"，因为结形正是意大利皇室家族徽章的模样。此外，八字结还象征着诚实的爱与不变的友情，所以也有人把八字结称为爱之结。

八字结结形平扁，小巧美观，如图2-8（e）所示，形状有点像麦穗，所以又叫麦穗结。

（二）用途与材料

八字结常用在结饰品的收尾，可根据需要大小变化，做结饰的点缀，也可以做玫瑰花、菠萝的叶子。

单结用绳长度：5号线，30厘米1根。

（三）编结步骤与方法

（1）取5号线的一头做绕线，按逆时针方向转一圈，压住另一头，形成一个圆环，如图2-8（a）所示。

（2）绕线包住环的右侧线，从后面往前穿过环，如图2-8（b）所示。

（3）绕线包住环的左侧线，从后面往前穿过环，形成8字，如图2-8（c）所示。

（4）重复（2）—（3）的步骤，不断做8字缠绕，做到需要的大小，如图2-8（d）所示。

（5）慢慢拉紧上面的线，整形完成，如图2-8（e）所示。最后剪去线头烧粘。

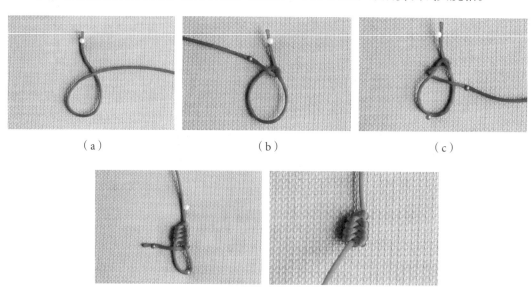

图2-8 八字结的编结步骤

六、蛇结

蛇结

（一）内涵与特点

蛇结形如蛇，结体有弹性，可以伸拉，如图2-9（g）所示。结式简单大方，与金刚结相似，象征金玉满堂、平安吉祥。

（二）用途与材料

蛇结用途广泛，常用于编手绳、项链、脚链、腰带、戒指等，两根绳编结，长度根据所编物制定。

单结用绳长度：5号线，50厘米2根。

（三）编结步骤与方法

（1）取2根线（为便于看清楚，选了两种颜色的线），线头朝前，然后蓝线包红线后做环，如图2-9（a）所示。

（2）红线包蓝线后往前穿环，如图2-9（b）所示。

（3）如图2-9（c）所示，拉紧红蓝两根线，整形后完成1个蛇结，如图2-9（d）所示。

（4）继续蓝线包红线后做环，如图2-9（e）所示。

（5）红线包蓝线后往前穿环，如图2-9（f）所示，然后拉紧，整形。

（6）根据需要不断重复，做到需要的长度，如图2-9（g）所示。

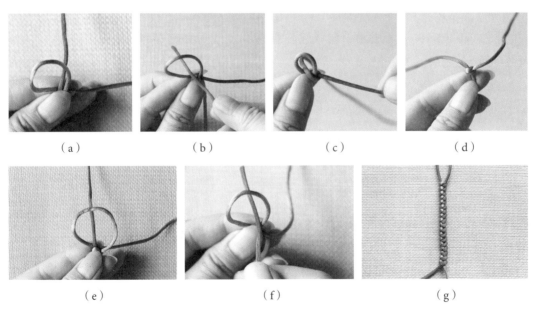

（a）　　　　　（b）　　　　　（c）　　　　　（d）

（e）　　　　　（f）　　　　　（g）

图2-9　蛇结的编结步骤

七、金刚结

（一）内涵与特点

　　金刚结是密宗佛教信物，据说金刚结具有加持护体功能，象征金玉满堂、平安吉祥。

　　金刚结与蛇结外形非常相似，但蛇结是一个一个结打上去，较易松动，佩戴起来，蛇结会比金刚结松塌得快，容易变形；金刚结则是结结相扣，非常密实紧凑，如图2-10（h）所示。

（二）用途与材料

　　金刚结用途广泛，常用于编手绳、项链、脚链、腰带、戒指等饰物，还可以编蜻蜓、金刚杵等。

　　单结用绳长度：5号线，60厘米2根。

（三）编结步骤与方法

　　（1）取5号线2根，线头朝前，蓝线包黄线后做环（这一步和蛇结相同），如图2-10（a）所示。

　　（2）黄线包住食指和蓝线后往前穿环，如图2-10（b）所示。

　　（3）拉紧蓝线，然后拿出食指，形成一个圆环，如图2-10（c）所示。

　　（4）把结转动180度，圆环在上，如图2-10（d）所示。

　　（5）如图2-10（e）所示，蓝线包住食指和黄线后往前穿环，然后拉紧黄线，如图2-10（f）所示。

　　（6）拿出食指，形成一个圆环，把结转动180度，圆环在上，黄线包住食指和蓝线后往前穿环，如图2-10（g）所示。

　　（7）根据需要不断重复交替，做到需要的长度，如图2-10（h）所示。

　　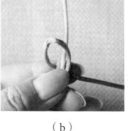　　　　

　　（a）　　　　　　　　（b）　　　　　　　　（c）　　　　　　　　（d）

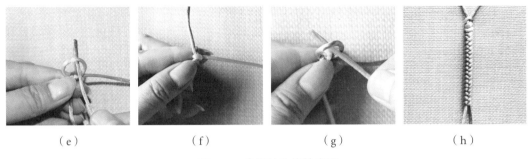

（e）　　　　　　（f）　　　　　　（g）　　　　　　（h）

图2-10　金刚结的编结步骤

八、玉米结

（一）内涵与特点

由于形似玉米，故此得名。玉米自古就是华夏民族的主要食粮，玉米结的编织也寓意着人们希望五谷丰登、衣食无忧的美好愿景。玉米结有节节高升的寓意，又因玉米粒多、金色的特性，也有多子多福、金玉满堂的寓意，还有"千里姻缘一线牵"的美好寓意。

玉米结，分圆形玉米结和方形玉米结，如图2-11所示，圆形玉米结圆润，方形玉米结有棱角、呈方形。另外，可以按4的倍数来编织8线玉米结、12线玉米结、16线玉米结等，使得玉米结更饱满更圆润，可以适合更多的使用场景。

圆形

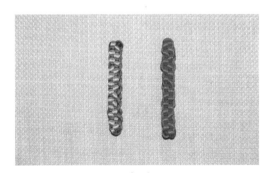

方形

图2-11　玉米结

（二）用途与材料

玉米结用途广泛，常用来编手链、爆竹等饰物，还可以编杯垫，龙、马、长颈鹿等动物的身体和福、春等字体。

单结用绳长度：5号线，50厘米2根。

圆形玉米结

（三）编结步骤与方法

1.圆形玉米结

（1）取5号线50厘米2根，十字交叉摆放（蓝线在下，红线在上），形成上下左右四个线头，如图2-12（a）所示。

（2）按顺时针方向，上面的蓝色线往下压，形成一个环，如图2-12（b）所示。

（3）右边的红色线往左压，如图2-12（c）所示。

（4）下面的蓝色线往上压，如图2-12（d）所示。

（5）左边的红色线往右压的同时，从刚开始形成的环中穿出，如图2-12（e）所示。

（6）四线同时收紧，如图2-12（f）所示。

（7）可以从任意一根线开始，按顺时针方向依次压线，完成第二个结，如图2-12（g）所示。

（8）按同样的方法依次做下去，编至合适的长度即可，如图2-12（h）所示。

注意：编圆形玉米结时，要始终按一个方向四线互压，要么顺时针，要么逆时针；四线要同时收紧，并整理好再开始继续编织，不然形状会变形，不完美。

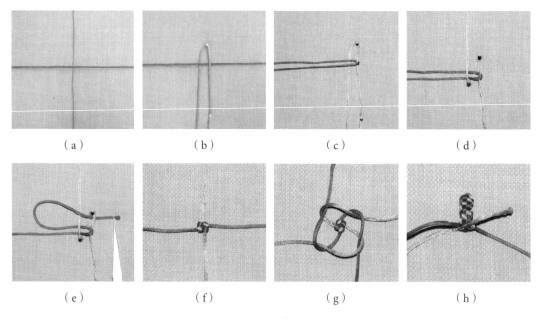

| （a） | （b） | （c） | （d） |
| （e） | （f） | （g） | （h） |

图2-12　圆形玉米结的编结步骤

2.方形玉米结

（1）取5号线50厘米2根，十字交叉摆放（蓝线在下，红线在上），形成上下左右四个线头，如图2-13（a）所示。

（2）按圆形玉米结（1）—（6）的步骤，按顺时针方向依次压线，完成第一个结，如图2-13（b）所示。

（3）从任意一根线开始，按逆时针方向依次压线，完成第二个结，如图2-13（c）所示，然后四线同时收紧。

（4）按（2）—（3）的方法依次做下去，编至合适的长度，如图2-13（d）所示。

注意：编方形玉米结时，四线要顺时针互压一遍，再逆时针互压一遍。一定要记清楚顺序，正方向一遍，反方向一遍，这样才能编织出有棱角的方形玉米结。

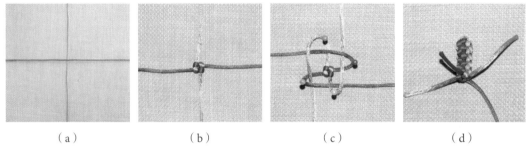

（a）　　　　　　（b）　　　　　　（c）　　　　　　（d）

图2-13　方形玉米结的编结步骤

九、吉祥结

吉祥结

（一）内涵与特点

"吉"为美好、有利，如"吉人天相""大吉大利"；"祥"则为福、善之意。本结常出现于中国僧人的服装及庙堂的饰物上，是一个古老而又被视为喜庆、祥瑞、美好的结式，因此得名为"吉祥结"。

吉祥结共有七个单耳翼，其中三个是大的单耳翼，四个是小的单耳翼，故又称为"七圈结"，正反面图案一致，如图2-14（h）所示。本结可演变成多花瓣的吉祥花，编法简易，结形美观，而且变化多端。单独使用时，若悬挂重物，结形容易变形，可加定形胶固定。

（二）用途与材料

吉祥结易于组合，用途广泛，常可以作为喜庆、康泰的饰物。在结饰的组合中，如加上吉祥结，寓意吉祥如意、吉祥平安、吉祥康泰。

单结用绳长度：5号线，90厘米1根。

（三）编结步骤与方法

（1）取5号线90厘米1根，折成一个十字形，形成四个结耳，每一个结耳长度为8

厘米，用珠针固定好，如图2-14（a）所示。

（2）按顺时针方向，上面的结耳往下压，形成一个环，如图2-14（b）所示。

（3）右边的结耳往左压，如图2-14（c）所示。

（4）下面的结耳往上压，如图2-14（d）所示。

（5）左边的结耳往右压的同时，从刚开始形成的环中穿出，如图2-14（e）所示。这样按顺时针方向，环环相压，从哪个结耳开始是随意的。

（6）将结耳拉紧，要注意三个结耳的长度要一样。拉紧之后，正反两面如图2-14（f）所示。在反面，我们可以看到四个新出现的结耳。

（7）将结正面向上，重复（2）—（5）的步骤与方法，顺时针方向，环环相压，拉紧，如图2-14（g）所示。

（8）拉动反面新出现的四个小结耳，让它们变得明显，大小可以根据需要调整。成品如图2-14（h）所示。

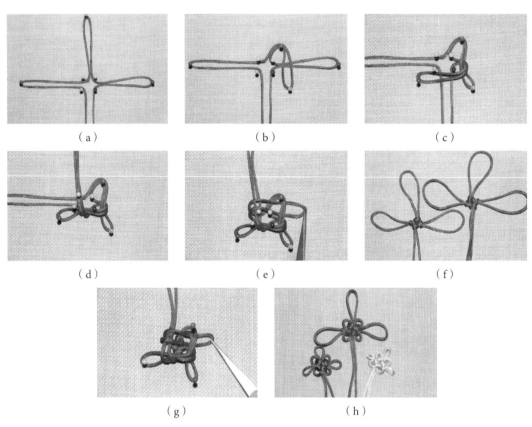

图2-14 吉祥结的编结步骤

十、纽扣结

纽扣结

（一）内涵与特点

又名同心结，象征齐心协力。中国古代的服饰中，纽扣不但是为了实用，而且也是一种美丽的装饰。"纽"是带的交结之处，同时，结之可解者，亦谓之纽；"扣"则为一种可以钩结的结子；因此，纽扣应是成对，可以解开，可以钩结的。本结即是因可当作纽扣之用而得名。

纽扣结纹理清晰，造型美观，紧凑不易松散，整体外观呈球形，如图2-15（k）所示。纽扣结除当纽扣用，也是很漂亮的装饰结。如再与其他的装饰结相搭配，又可构成一对对美丽的盘扣。

（二）用途与材料

纽扣结是双钱结延伸出来的结体，形如纽扣，不易松散。十分常用，实用性高。最常用以扣紧衣服，故称"纽扣结"，亦常作为大型结的开头或结尾，也是盘扣的组成之一。

单结用绳长度：5号线，50厘米1根。

（三）编结步骤与方法

（1）取5号线50厘米1根，挂在左手食指上，如图2-15（a）所示。

（2）取外侧的线按顺时针方向，在左手大拇指上面绕一个圈，如图2-15（b）所示。

（3）取出大拇指上面的这个圈，如图2-15（c）所示。

（4）将取出的圈盖在左手食指的线的上方，如图2-15（d）所示。

（5）用右手将压着的左线从底下拉向上方，挑起食指上压着的那根线，如图2-15（e）所示。

（6）轻轻拉动2个线头，将结体稍缩小，取下来像一个小花篮，如图2-15（f）所示。

（7）用其中的一条线如图按顺时针的方向绕过小花篮右侧的提手，然后朝上穿过小花篮的中心，如图2-15（g）所示。

（8）用另外一条线如图按顺时针的方向绕过小花篮左侧的提手，然后朝上穿过小花篮的中心，如图2-15（h）所示。

（9）如图2-15（i）所示，拉紧两端的线，由此形成的结叫玉结，如图2-15(j)所示。

（10）根据线的走向将上端的绳一步步向下调，完全拉紧便成为纽扣，如图2-15（k）所示。

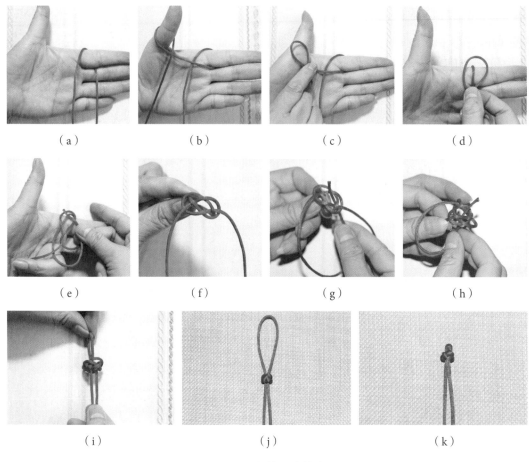

（a）　　　　　　（b）　　　　　　（c）　　　　　　（d）

（e）　　　　　　（f）　　　　　　（g）　　　　　　（h）

（i）　　　　　　（j）　　　　　　（k）

图2-15　纽扣结的编结步骤

十一、祥云结

（一）内涵与特点

云，不仅是代表上天或神仙的座乘，而且云能造雨以滋润万物；将祥云用于各种吉祥图案极为广泛，可寓意绵延不断。"云"与"运"的读音相近，如以蝙蝠飞舞于云中的模样称之为福运，"祥云瑞日""青云得路"更是吉祥的象征。

祥云结，有四个单耳翼，中间有个井字，如图2-16（c）所示，纹理清晰，结形美观，因其形状似祥云而得名。

（二）用途与材料

祥云结，可用于编制吉祥图案的云彩，可以编制戒指，也可以串联编成吉祥项链、腰带，结形美观大方。

单结用绳长度：5号线，30厘米1根。

（三）编结步骤与方法

（1）用1根30厘米5号线，居中编一个纽扣结（不要收得太紧），如图2-16（a）所示。

（2）将纽扣结下面的两线头分别向左右平拉，如图2-16（b）所示。

（3）整形完成。成品如图2-16（c）所示。

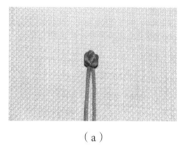 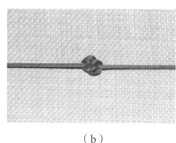 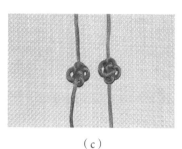

（a） （b） （c）

图2-16　祥云结的编结步骤

十二、斜卷结

斜卷结

（一）内涵与特点

斜卷结，因结倾斜故名斜卷结，有左手和右手斜卷结，还有一种反斜卷结。由于其结式简单易懂且变化灵活，是一种立体结常用的结艺编法。斜卷结体现了古代的文化特点，体现着人们追求真、善、美的良好愿望。

（二）用途与材料

斜卷结是很简单的中国结，变化无穷，可以做出各种可爱的小动物、植物、花卉，漂亮的字板、书签、杯垫、挂饰。既可编织成许多典雅的结饰，用来布置人们的生活空间，吉祥古意又富艺术气息，也可编手链、门帘等实用品。运用一些巧思，配上色彩组合后，赏心悦目的结饰就呈现在人们眼前了。

单结用绳长度：5号线，30厘米2根。

（三）编结步骤与方法

1.右手斜卷结（又称右轮结）

（1）取5号线30厘米2根，蓝线为轴线，红线为绕线，轴线放在绕线上面，如图2-17（a）所示。

（2）如图2-17（b）所示，把右侧绕线放在轴的上面，从轴的下面向右拉出，收紧，如图2-17（c）所示

（3）用同样的方法再编1次，如图2-17（d）所示。

（4）收紧，用绕线编2次就是一个斜卷结，如图2-17（e）所示。连续编，结形会出现扭转。

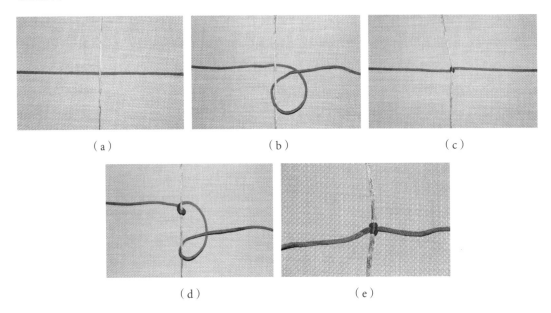

图2-17　右手斜卷结编法

2.左手斜卷结（又称左轮结）

（1）取5号线30厘米2根，蓝线为轴线，红线为绕线，轴线放在绕线上面，如图2-18（a）所示。

（2）如图2-18（b）所示，把左侧绕线放在轴的上面，从轴的下面向左拉出，收紧，如图2-18（c）所示。

（3）用同样的方法再编1次，如图2-18（d）所示。

（4）收紧，如图2-18（e）所示。

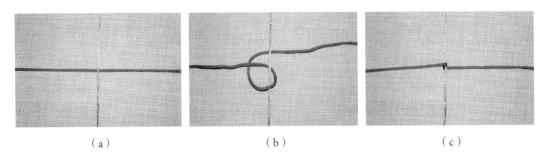

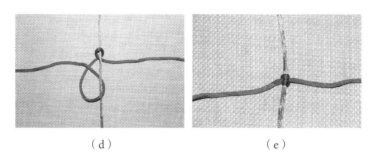

（d） （e）

图 2-18　左手斜卷结编法

3.反斜卷结

取5号线30厘米2根，蓝线为轴线，红线为绕线，轴线放在绕线上面，如图2-19(a)所示。

编法一：

（1）把右侧绕线线头从轴的下面再到上面，然后向右拉出，如图2-19（b）所示。

（2）收紧后用同样的方法再编1次，如图2-19（c）所示。

（3）收紧，这样编2次就是一个反斜卷结，如图2-19（d）所示。

编法二：

（1）把左侧绕线线头从轴的下面再到上面，然后向左拉出。

（2）收紧后用同样的方法再编1次，如图2-19（f）所示。

（3）收紧，如图2-19（g）所示。

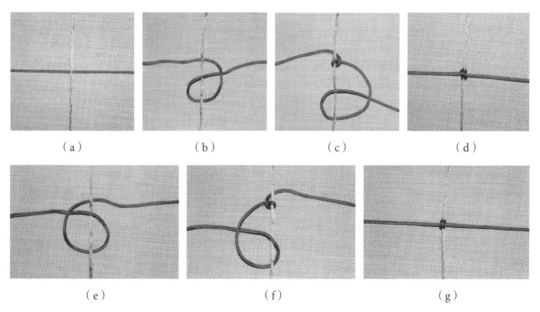

（a） （b） （c） （d）

（e） （f） （g）

图 2-19　反斜卷结编法

十三、雀头结

（一）内涵与特点

雀头结在中国和西洋绳结里都有出现，纹理整齐美观，形状很像花边，常寓意心情雀跃，喜上眉梢。一般用两线编织，有单线头编法和双线头编法两种。双线头编法经常用于壁挂的开始，单线头编法常用于饰物之间相连或做饰物的外圈。

（二）用途与材料

此结简单，也最实用。此结可编项链、手链，可结于饰物之间相连或固定线头之用，也可以用于大型壁挂的开始，或以环状物或长条物为轴，覆于轴面，做饰物的外圈用，常常用于替代攀缘结。

单结用绳长度：5号线，40厘米2根。

（三）编结步骤与方法

1.双线头雀头结

方法一：正雀头结。

（1）取5号线40厘米一条线做轴，另一条线对折，放到轴线的下面，如图2-20（a）所示。

（2）把对折的线圈往下折返，如图2-20（b）所示。

（3）把两个线头自下往上，从绳圈穿出，如图2-20（c）所示。

（4）收紧，如图2-20（d）所示。

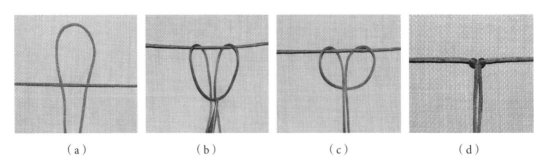

|（a）|（b）|（c）|（d）|

图2-20 雀头结双线头正编法

方法二：反雀头结。

（1）取5号线40厘米一条线做轴，另一条线对折，放到轴线的上面，如图2-21（a）所示。

（2）把对折的线圈往下折返，如图2-21（b）所示。

（3）把两个线头自上往下，从绳圈穿出，如图2-21（c）所示。

（4）收紧，如图2-21（d）所示。

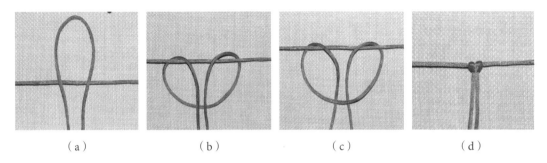

| （a） | （b） | （c） | （d） |

图2-21　雀头结双线头反编法

2.单线头雀头结

（1）取5号线40厘米1条线做轴，另一条线按左线短，右线长对折，做一个反雀头结，如图2-22（a）所示。

（2）右线从轴上经过，自后往前穿环，然后拉紧线，如图2-22（b）所示。

（3）右线从轴后经过，自前往后穿环，如图2-22（c）所示。

（4）拉紧线，由此完成一个雀头结。重复步骤（2）—（3）的做法，形成连续的雀头结，如图2-22（d）所示。

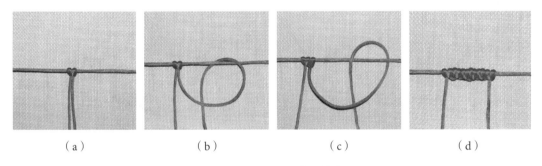

| （a） | （b） | （c） | （d） |

图2-22　雀头结单线头编法

十四、笼目结

（一）内涵与特点

　　笼目结，因为结的外形有着如竹笼般的网目，固有此名称。笼目结有十孔、十五孔之分，此结常用于辟邪，可编制成胸花、发夹、杯垫等。

（二）用途与材料

笼目结，可以做玫瑰花的花瓣、杯垫；如果直立起来走线，可以形成中空的环状结体，此结的外形及结构与纽扣结大致相同，叫作套箍结或纽扣环，可以做指环、领巾扣或代替珠子起点缀作用。

单结用绳长度：5号线，40厘米1根。

（三）编结步骤与方法

十孔笼目结

1.十孔笼目结

（1）取5号线40厘米1条线在食指上绕2次，如图2-23（a）所示。

（2）将食指上里边绳压在外边绳上，形成一个"D"字，如图2-23（b）所示。

（3）取绳尾往里穿过里边的绳，如图2-23（c）所示。

（4）手指屈曲，如图2-23（d）、图2-23（e）所示，绳尾向指尖穿过外边的绳，然后取食指上的里边绳压在外边绳上，形成一个D字，如图2-23（f）所示。

（5）取绳尾往里穿过里边的绳，如图2-23（g）、2-23（h）所示。

（6）把绳环从手指上取下，放平整形，如图2-23（i）所示。如果做纽扣环，就竖着整形。

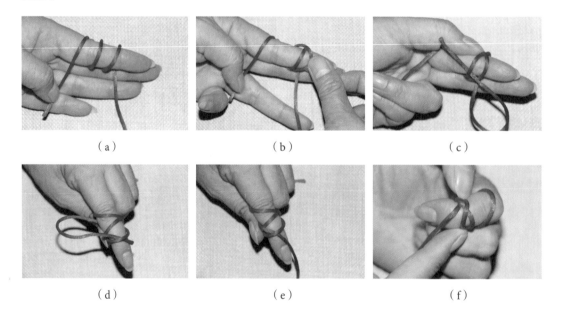

<table>
<tr><td>（a）</td><td>（b）</td><td>（c）</td></tr>
<tr><td>（d）</td><td>（e）</td><td>（f）</td></tr>
</table>

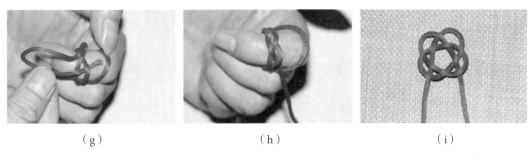

（g）　　　　　　　　　　（h）　　　　　　　　　　（i）

图2-23　十孔笼目结编法

2.十五孔笼目结

（1）取5号线40厘米1根，左边的绳压在右边的绳上，如图2-24（a）所示，然后如图2-24（b）所示，做挑一压一出（压就是运行中的线在结的上面，挑就是运行中的线在结的下面）。

（2）取右边的绳做压二挑二压一出，如图2-24（c）所示。

（3）取左边的绳（为了更清楚，接了一截蓝色线）到右边做压一挑一压一挑一压一挑一压一出，如图2-24（d）所示。

（4）收紧整形，如图2-24（e）所示。

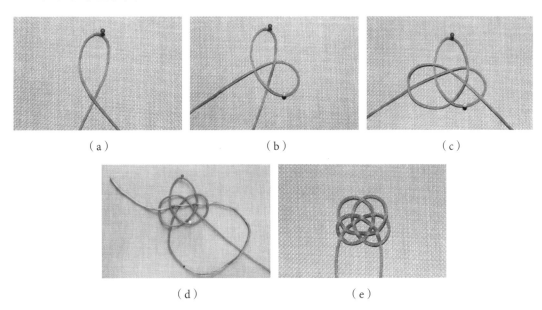

（a）　　　　　　　　　　（b）　　　　　　　　　　（c）

（d）　　　　　　　　　　（e）

图2-24　十五孔笼目结编法

龟背结

十五、龟背结

（一）内涵与特点

龟背结因为其样子像灵瑞长寿的龟背而得名，具有富甲天下、健康和长寿的意思。龟背结和梅花结很容易混淆，但要仔细区分，龟背结是六个结耳（尾线烧粘后形成六个结耳），如图2-25（d）所示。

（二）用途与材料

龟背结，可以做玫瑰花的花瓣、杯垫，可以编织小乌龟、小帽子等。

单结用绳长度：5号线，60厘米1根。

（三）编结步骤与方法

（1）取5号线60厘米1根做一个双钱结，然后把左右2个线头各退一步，如图2-25（a）所示。这时左线在结体上面，右线在结体下面。

（2）取左线线头从右圈挑起右线，如图2-25（b）所示。

（3）取右绳到左边（压在左线上），从左边的圈开始挑一压一挑一压一挑一压一出，如图2-25（c）所示。

（4）根据线的走向将结形调整好，一个漂亮的龟背结就做好了，如图2-25（d）所示。

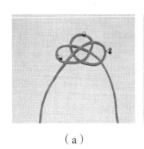  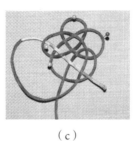 

（a）　　　　　　　（b）　　　　　　　（c）　　　　　　　（d）

图2-25　龟背结编法

藻井结

十六、藻井结

（一）内涵与特点

藻井结结构紧凑，华丽，其中央似"井"字，周边为对称的斜纹，形如古时的天井而得此名。"井"与"锦"同音，亦称"藻锦"。中国宫殿式建筑中绘有彩画、浮雕的天花板，谓之"藻井"，又称"绮井"，是一种装饰用的图案，在敦煌壁画中就有许多藻井图案，井然有序，光彩夺目。藻井结可说是一个装饰结，也可连续数个藻井结编成手镯、项链、腰带，非常结实美观。

结构紧凑，中央似"井"字，周边为对称的斜纹，如图 2-26（g）所示；正反面图案一致。

（二）用途与材料

藻井结可以和其他结饰结合，做手链、项链、腰带等。

单结用绳长度：5号线，70厘米1根。

（三）编结步骤与方法

（1）取5号线70厘米1根对折，按右线往上，左线往下连着打4个活结，如图 2-26（a）所示。

（2）取左线的线头直接从上到下依次穿过4个结的结心，如图 2-26（b）所示。

（3）取右线的线头自下而上穿过最上面的圆环，接着再从上到下依次穿过4个结的结心，如图 2-26（c）所示，然后收紧线，如图 2-26（d）所示。

（4）拿起最下面的结的正反2条线，翻至第1个结的上端，如图 2-26（e）所示，然后稍稍收紧线。

（5）再拿起最下面的结的正反2条线，翻至第1个结的上端，抽紧，如图 2-26（f）所示。

（6）抽紧，整形完成，如图 2-26（g）所示。

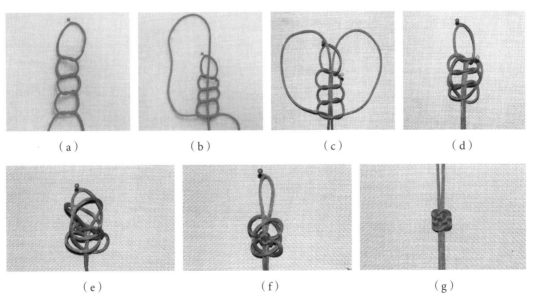

（a）　　　　　　（b）　　　　　　（c）　　　　　　（d）

（e）　　　　　　（f）　　　　　　（g）

图 2-26　藻井结编法

酢浆草结

十七、酢浆草结

（一）内涵与特点

酢浆草是一种三叶草本植物，为掌状复叶，本结因形状类似酢浆草叶而得名，因双耳如蝴蝶状，又称"中国式蝴蝶结"。酢浆草为爱尔兰的国花，也是女童军的徽章，被视为幸运草。能在自然界中寻到四瓣的酢浆草意味着幸运，因而酢浆草结也有幸运、吉祥的意味。

酢浆草结有3个单耳翼，呈中央井字形，如图2-27（f）所示；正反面图案一致。

（二）用途与材料

在中国古老结饰中，本结的应用很广，结形美观，易于搭配其他结饰且寓意幸运吉祥。本结可以演化成许多变化结式，如绣球、如意、双喜、长寿、仙鹤、凤凰等。同时，本结可由线的一头编结，因此，在编其他任何一个有耳翼的结时，均可由线的一头编一个酢浆草结，以增添结饰的美观。本结也可编成四叶、五叶等不同数目耳翼的结式。

单结用绳长度：5号线，40厘米1根。

（三）编结步骤与方法

（1）此结只用一头编结。取5号线40厘米1根，按左线短，右线长对折，做1个套，接着右线再做第2个套，如图2-27（a）所示。

（2）第2个套穿进第1个套，形成第1个耳翼，如图2-27（b）所示；再用右线做第3个套穿进第2个套，形成第2个耳翼，如图2-27（c）所示。

（3）取右线线头，从第3个套穿过，形成第3个耳翼，接着插进第1个耳翼，再折回包住第1个套，从第3个套穿出，如图2-27（d）所示。

（4）拉紧3个耳翼，把结心部分抽紧，如图2-27（e）所示。

（5）根据线的走向将结形调整好，漂亮的酢浆草结就做好了，成品如图2-27（f）所示。

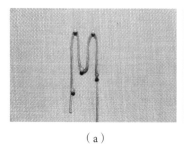

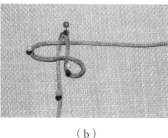

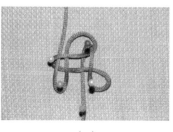

（a）　　　　　　　　　（b）　　　　　　　　　（c）

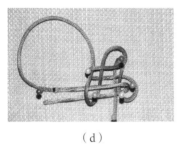
（d）

（e）

（f）

图 2-27　酢浆草结编法

十八、团锦结

团锦结

（一）内涵与特点

在中国人的心目中，"圆"是吉祥和谐的代表，如"团圆""花好月圆"。团锦结耳翼成花瓣状，又称"花瓣结"。本结的造型美观，自然流露出花团锦簇的喜气，如果再在结心镶上宝石之类的饰物，更显华贵，是一个喜气洋洋、吉庆祥瑞的结饰。本结的花瓣可以有五瓣、六瓣、八瓣等数目的变化。

团锦结有 5~8 个单耳翼，纹理分明，正反面图案一致，整体外观呈涡轮性，如图 2-28（i）所示。结形小，不易松散，中间有一孔，可以镶珠宝等饰物。此结虽小，但编结起来难度较大，操作时可借助珠针、泡沫板等工具，看清走线图慢慢进行。

（二）用途与材料

在中国古老结饰中，本结的应用很广，结形美观，易于搭配其他结式且寓意幸运吉祥。

单结用绳长度：5号线，50厘米1根。

（三）编结步骤与方法

（1）取5号线50厘米1根，按左线短、右线长对折，做第1个线套，接着右线再做第2个线套，线套2穿进线套1，形成第1个耳翼，如图2-28（a）所示。

（2）在右侧继续做第3个线套，然后穿进1、2两个线套，形成第2个耳翼，如图2-28（b）所示；继续在右侧做第4个线套，然后穿进2、3两个线套，形成第3个耳翼，如图2-28（c）所示。

（3）用右侧单线穿过后3、4两个线套，形成第4个耳翼，如图2-28（d）所示；然后插进第1个耳翼，包住第1个线套，沿原路折回，如图2-28（e）所示。

（4）如图2-28（f）所示，用右侧单线穿过后4、5两个线套，形成第5个耳翼，然后如图2-28（g）所示，插进第2个耳翼，包住第1、2个线套，沿原路折回。

（5）拉紧5个耳翼，先把结心部分抽紧，然后根据线的走向将结形调整好，如图2-28（h）所示。漂亮的五耳团锦结就做好了，成品如图2-28（i）所示。

（a）　　　　　　　　　（b）　　　　　　　　　（c）

（d）　　　　　　　　　（e）　　　　　　　　　（f）

（g）　　　　　　　　　（h）　　　　　　　　　（i）

图2-28　团锦结编法

十九、盘长结

盘长结中的"回"是指在编结的过程中绳由起点运行到终点，再由终点回到起点所完成的一次完整的穿绕动作。2回就是完成2次完整的穿绕动作，3回就是完成3次完整的穿绕动作，以此类推。

（一）内涵与特点

盘长是佛家法物八吉祥之一。第八品的盘长俗称"八吉"，代表全体。盘长象征连绵不断，寓意长久不断。佛说回环贯彻，一切通明之意。一般人对中国结的印象及称呼，大部分是指盘长结的结体，因为盘长结纹理分明，造型明显，常以单独结体装饰在各种器物上面，只要一眼见到即让人记忆深刻。学会基本盘长结，可应用此技法制作各种更为亮丽复杂的盘长结。因此学习中国结的人，一定要把会编盘长结列入主要目标。

盘长结纹理分明，结构紧密，上下层分离，正反面图案一致，单耳翼，整体外观呈正菱形。盘长结的耳翼可以根据设计调节其长短，得到不同的艺术效果，美观对称是其典型的传统造型。

（二）用途与材料

在中国古老结饰中，本结的应用很广，结形美观，变化丰富，易于搭配其他结饰，如和如意结搭配，意为"四季如意"。

单结用绳长度：二回盘长结5号线，200厘米1根；三回盘长结5号线，350厘米1根；四回盘长结5号线，450厘米1根。

（三）编结步骤与方法

1.二回盘长结

（1）取5号线200厘米1根对折（为看清楚线的走向，用了两种颜色的线），打一个双联结，然后用珠针固定，如图2-29（a）所示。

二回盘长结

（2）右线。

①沿竖直方向走线套1回，间隔1~1.5厘米再走线套1回，用珠针固定，如图2-29（b）所示。

②横向按挑一压一挑一压一穿线套2回，每个线套也间隔1~1.5厘米，如图2-29（c）所示。

（3）左线。

①取左线横向填空穿线2回：向右时结绳在上，向左时结绳在下，如图2-29（d）所示。

②沿竖直方向填空穿线2回：向上时，挑一压三挑一压三；向下时，挑二压一挑三压一挑一，如图2-29（e）所示。

（4）先拔掉内耳翼的珠针，拉外耳翼。不用管外耳翼的大小，把结心部分抽紧，如图2-29（f）所示。

（5）两边都根据线的走向自上而下，按顺序抽线。抽线时把握一个原则：内耳翼抽干净，外耳翼根据需要保留，将结形调整好，如图2-29（g）所示。

（a）　　　　　　　（b）　　　　　　　（c）　　　　　　　（d）

（e）　　　　　　　　　（f）　　　　　　　　　（g）

图2-29　二回盘长结编法

2.三回盘长结

（1）取5号线350厘米1根对折，打一个双联结，然后用珠针固定。

（2）右线。

①沿竖直方向走线套3回，每个线套间隔1～1.5厘米，用珠针固定，如图2-30（a）所示。

②横向按挑一压一挑一压一挑一压一（不管几回盘长结，这一步都按挑一压一走线）穿线套3回，每个线套也间隔1～1.5厘米，如图2-30（b）所示。

（3）左线。

①取左线横向填空穿线3回：向右时结绳在上，向左时结绳在下，如图2-30（c）所示。

②沿竖直方向填空穿线3回：向上时，挑一压三挑一压三的顺序走线（不管几回盘长结，这一步都按挑一压三走线）；向下时，按挑二压一挑三压一挑三压一挑一（不管几回盘长结，这一步都按挑二压一挑三压一走线），如图2-30（d）所示。

（4）先拔掉内耳翼的珠针，拉外耳翼，先不管外耳翼的大小，把结心部分抽紧，如图2-30（e）所示。

（5）两边都根据线的走向自上而下，按顺序抽线。抽线时把握一个原则：内耳翼抽干净，外耳翼根据需要保留，将结形调整好，如图2-30（f）所示。

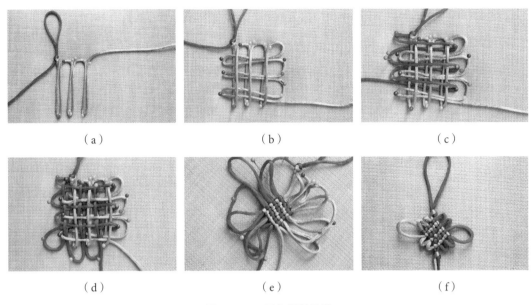

（a）　　　　　　　　　　（b）　　　　　　　　　　（c）

（d）　　　　　　　　　　（e）　　　　　　　　　　（f）

图 2-30　三回盘长结编法

二十、磬结

（一）内涵与特点

磬结形似磬而得名。古人以钟、磬、琴、萧、笙、埙、鼓等为乐器，也有把笏、磬、鼓、葫芦、花篮合画在一起，取名"五瑞图"。可见"磬"不但是一种打击乐器，同时也是一种吉祥物。"磬"又与"庆"同音，所以也常用以象征吉庆，如平安吉庆、吉庆有余。

磬结纹理分明，结构紧密，上下层分离，正反面图案一致，单耳翼，整体外观呈多边形，如图2-31（i）所示。

磬结

（二）用途与材料

磬结是以两个长形盘长结交叉编结而成，在吉祥结饰组合里被广泛应用。

单结用绳长度：5号线，300厘米1根。

（三）编结步骤与方法

（1）取5号线300厘米1根对折，打一个双联结，然后用珠针固定，如图2-31（a）所示。

（2）右线走线套4回（2回长，2回短），每个线套间隔1～1.5厘米，用珠针固定，如图2-31（b）所示。

（3）右绳沿横向由右向左穿长线套2回，先挑后压，如图2-31（c）所示。

（4）左线沿横向填空穿长线套2回，向右时，结绳在上；向左时，结绳在下，然后横向独立穿短线套2回，如图2-31（d）所示。

（5）左线沿竖直方向填空穿线2回（2长），向上时，压四挑一压三挑一压三；向下时，挑二压一挑三压一挑五，如图2-31（e）所示。

（6）右线收尾：沿竖直方向，先右后左填空穿线2回，向上时，挑一压三挑一压三；向下时，挑二压一挑三压一挑一，如图2-31（f）所示。

（7）左线收尾：沿竖直方向，先左后右填空穿线2回，向上时，挑一压三挑一压三；向下时，挑二压一挑三压一挑一，如图2-31（g）所示。

（8）先拔掉内耳翼的珠针，拉外耳翼，先不管外耳翼的大小，把结心部分抽紧，如图2-31（h）所示。

（9）两边都根据线的走向自上而下，按顺序抽线。抽线时把握一个原则：内耳翼抽干净，外耳翼根据需要保留，将结形调整好。如图2-31（i）所示。

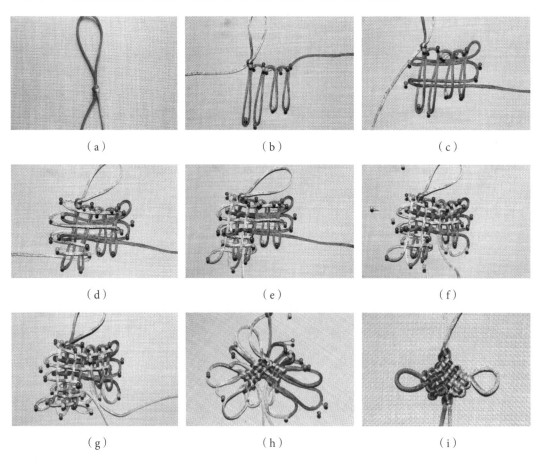

（a） （b） （c）

（d） （e） （f）

（g） （h） （i）

图2-31 磬结编法

习题与训练

1. 双联结、酢浆草结、吉祥结有什么特点和内涵？试着编一编。

2. 取1根5号线，编一编纽扣结、祥云结和玉结。

3. 双钱结有什么寓意？请竖向编几个双钱结，横向编几个双钱结。

4. 方形玉米结和圆形玉米结有什么不同？试着编一编。

5. 请编1个十孔笼目结、1个龟背结。

6. 取5号线，编1个二回盘长结和三回盘长结。

第三章

变化结

【学习目标】变化结是由一种以上的基本结变化搭配组合而成。通过本章学习，了解各种中国结的平面与立体的变化与组合，掌握十种变化结的编结要领和编制技巧，培养和提高运用基本结的知识举一反三、触类旁通的能力，激发创造性思维和创意设计的兴趣。

一、蜻蜓结

（一）内涵与特点

蜻蜓结形似蜻蜓，造型逼真美观。蜻蜓为脉翅类昆虫，分头、胸、腹三部分，头部有复眼一对，口在下方很发达，适于捕食蚊蝇等害虫，腹部细长，分好多节，尾上分叉。常以尾端点水产卵于水中，俗称"蜻蜓点水"。蜻蜓对雨水气息非常敏感，每遇下雨之前，即成群飞舞于空中，姿势优美，煞是好看。

制作蜻蜓结的方法有数种，主要区别在于身躯部分，使用的基本结有纽扣结、平结、金刚结、万字结、酢浆草结等。本结可用做发饰、胸针之用。

（二）使用材料

两种颜色的5号线，120厘米各1根，130厘米各1根；直径6毫米珠子1对。

（三）编结步骤与方法

1.编法一

纽扣结、万字结、平结3种基本结组合应用。

（1）用5号线120厘米2根对折，居中编一个纽扣结，如图3-1（a）所示。

（2）把纽扣结的4根线一分为二，如图3-1（b）所示，编一个万字结；然后调整结形，完成蜻蜓的翅膀，如图3-1（c）所示。

（3）取中间2根线做轴，两边的线编平结，如图3-1（d）所示。编制所需长度，取其中1根线在其余3根线上打一活结，剪掉余线，用打火机烧一下，捏在一起，如图3-1（e）所示。

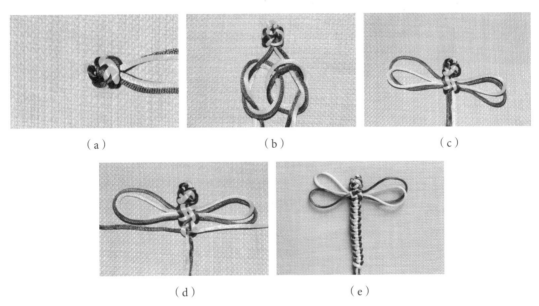

（a） （b） （c）

（d） （e）

图3-1　蜻蜓结的编结步骤（一）

2.编法二

纽扣结、万字结、金刚结3种基本结组合应用。

（1）取5号线130厘米2根，每根线上穿过一颗珠子，在30厘米处对折，把2根线的短线放在中间，如图3-2（a）所示。

（2）如图3-2（b）所示，2根短线做轴，2根长线折回来做绕线，编平结1组，再编1组，如图3-2（c）所示。

（3）把轴线和绕线一分为二，如图3-2（d）和3-2（e）所示，编一个万字结，然后调整结形，完成蜻蜓的翅膀。

（4）如图3-2（f）所示，取中间2根线做轴，两边的线编金刚结，编制所需长度，

收紧，剪去余线烧粘，如图3-2（g）所示。

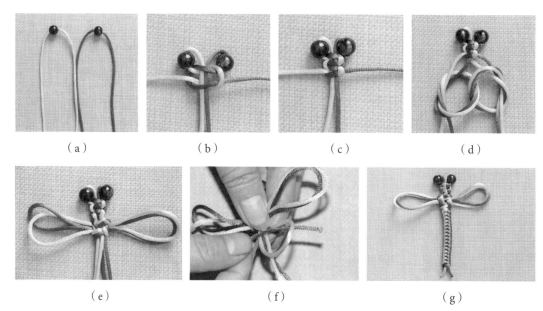

（a）　　　　　　（b）　　　　　　（c）　　　　　　（d）

（e）　　　　　　　　（f）　　　　　　　　（g）

图3-2　蜻蜓结的编结步骤（二）

琵琶盘扣结

二、琵琶盘扣结

（一）内涵与特点

琵琶盘扣结因其形状似古乐器琵琶而得名。"琵琶"之音又与吉祥之果"枇杷"相同，据《花镜》记载："枇杷一名庐橘，叶似琵琶，又似驴耳，秋蕾、冬花、春结子、夏熟，备四时之气。"因此枇杷被视为吉祥之果，比喻为"满树皆金"。

琵琶盘扣结是以纽扣结为基础，再加以变化而成，如图3-3（g）所示，常运用在中国传统服装中。以纽扣结变化组合成的盘扣，当不止琵琶扣一种，也可组合变化其他的结式。本结可用做胸针、纽扣之用。

（二）使用材料

5号线，80厘米2根。

（三）编结步骤与方法

（1）用5号线80厘米1根编一个纽扣结，左侧线短，右侧线长，如图3-3（a）所示。

（2）取右侧线往左向后绕过纽扣结，再回到左边，形成一个上小下大的8字，如图3-3（b）所示。

（3）取线头继续按上述方法绕8字，要注意：8字上圈在结的后面，要一圈在一圈的下面，不要叠起来；8字的下圈在结的前面，要一圈填在一圈的内侧，线排列整齐紧密，如图3-3（c）所示。

（4）圈填满后，把线头从圈中穿过，如图3-3（d）所示，然后剪去余线，烧粘。琵琶盘扣结易松散，可以在结后面用同色细线缝几针固定。

（5）用1根80厘米的5号线按左侧短、右侧长对折，留环，然后用同样的方法绕8字，如图3-3（e）所示。注意大小要与另一半相等。

（6）圈填满后，把线头从圈中穿过，如图3-3（f）所示，然后剪去余线，烧粘，在结后面用同色细线缝几针固定。漂亮的琵琶盘扣就做好了，成品如图3-3（g）所示。

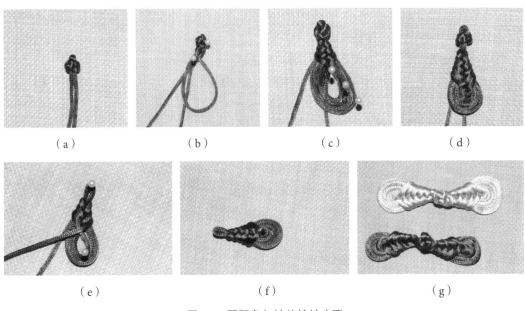

（a）　　　　　　（b）　　　　　　（c）　　　　　　（d）

（e）　　　　　　　（f）　　　　　　　（g）

图3-3　琵琶盘扣结的编结步骤

三、如意结

如意结

（一）内涵与特点

如意，状似灵芝，传说灵芝为长生不老仙药，乃吉祥瑞草，持之者有幸，拥之者有福。在佛门中，僧侣在说法时，将要点抄录其上，备忘所常用者，称为如意，现今是菩萨像所持佛具之一。古时百官上奏时，备忘所用之笏也似如意形，同时做指挥及护身用。

古文记载："古有蚤枝，为搔背痒之具，以其搔痒可如人意，故取名如意。近世以玉石为之，长一二尺，其端作芝形或云形以供玩赏，盖取其名词吉祥也。"如意结即取

此吉祥如意、平安如意、四季如意的寓意。

如意结是由3个酢浆草结和1个中央编酢浆草结连接组合而成，正反面图案一致，如图3-4（g）所示。本结的应用很广，几乎各种结饰的组合，都可搭配。

（二）使用材料

单结用绳长度：5号线，90厘米1根。

（三）编结步骤与方法

（1）用90厘米5号线1根对折，居中编一个酢浆草结，如图3-4（a）所示。

（2）再以酢浆草结为中心，将两根绳分开，分别向外取10厘米，然后各编1个酢浆草结，每个结间距10厘米左右，如图3-4（b）所示。

（3）中央编酢浆草结，把3个酢浆草结连接在一起，如图3-4（c）—（f）所示。

（4）按线的走向抽线整形，调整好4个结之间的关系，完成如意结，如图3-4（g）所示。

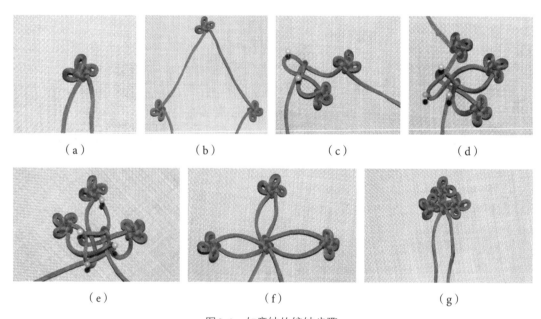

| （a） | （b） | （c） | （d） |

| （e） | （f） | （g） |

图3-4　如意结的编结步骤

四、吉祥如意结

（一）内涵与特点

吉祥如意是由四个如意结，中间一个吉祥结组合而成，正反面图案一致，如

图 3-5（j）所示。本结结形美观，寓意鲜明，常用作吉祥挂饰，也可单独做胸针或做衣服的装饰等。

（二）使用材料

单结用绳长度：5号线，300厘米1根。

（三）编结步骤与方法

（1）用300厘米5号线1根居中编一个酢浆草结，向两侧各取10厘米再编酢浆草结，然后用酢浆草结连接的方法编1个如意结，如图3-5（a）所示。

（2）在距离中央如意结10厘米处，用同样的方法再编2个如意结，如图3-5（b）所示。

（3）以每个如意结为顶点，将其摆成"十"的形状，如图3-5（c）所示。

（4）编1次吉祥结，如图3-5（d）—（e）所示，然后再编1次吉祥结，如图3-5（f）所示。

（5）缩紧结体，再调整结线，整理结体外形 ，如图3-5（g）所示。

（6）以倒置的如意结收口，使吉祥结被如意结四面包围。调整结线，整理结体外形为防止松散，可以在顶花处用同色细线固定。如图3-5（h）—（j）所示。

（a） （b） （c）

（d） （e） （f）

（g）　　　　　　　（h）　　　　　　　（i）　　　　　　　（j）

图3-5　吉祥如意结的编结步骤

五、四季如意结

（一）内涵与特点

四季如意是由四个如意结，围绕着中间一个四回盘长结组合而成，正反面图案一致，如图3-6（i）所示。本结结形美观，寓意鲜明，常用作吉祥挂饰，也可单独做胸针或做衣服的装饰等。

（二）使用材料

单结用绳长度：5号线，350厘米1根。

（三）编结步骤与方法

（1）用350厘米5号线1根居中编一个酢浆草结，向两侧各取10厘米再编酢浆草结，然后用酢浆草结连接的方法编一个如意结，如图3-6（a）所示。在距离中央如意结70厘米处再用同样方法编两个如意结。

（2）以中间如意结为顶点，将结绳分成左右两绳编4回盘长结。

①右绳上下拉线套4回，顶花，如图3-6（b）所示。

②左绳与右绳交替运行。左绳：横向由左向右，再由右向左绕线共4回，顶花，如图3-6（c）所示；右绳：横向由右向左穿线套共4回，右绳完成运行，如图3-6（d）所示。

③左绳沿竖直方向填空穿线4回，如图3-6（e）所示：向上时，按挑一压三挑一压三挑一压三挑一压三的顺序走线；向下时，按挑二压一挑三压一挑三压一挑一的顺序走线。

（3）缩紧结体，调整结线，整理结体外形，如图3-6（f）所示。

（4）如图3-6（g）—（i）所示，编倒置的如意结收口，使四回盘长结被如意结四面包围。为防止松散，可以在顶花处用同色细线固定。

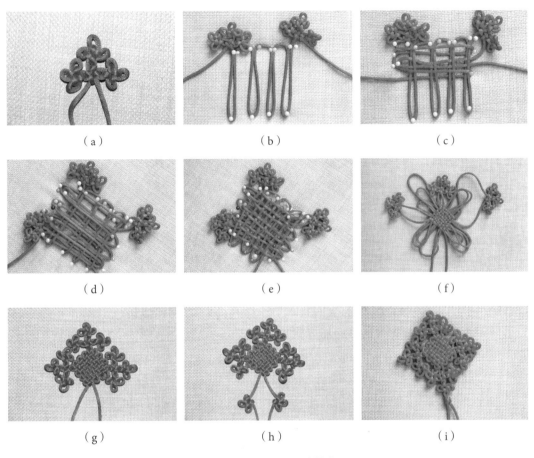

（a）　　　　　　　　　　（b）　　　　　　　　　　（c）

（d）　　　　　　　　　　（e）　　　　　　　　　　（f）

（g）　　　　　　　　　　（h）　　　　　　　　　　（i）

图3-6　四季如意结的编结步骤

六、绣球结

绣球结

（一）内涵与特点

绣球结形似绣球，有完美吉祥的寓意，是一种吉祥喜庆的结饰。相传雌雄二狮相戏时，其绒毛会结合成球，俗称"绣球"，而小狮子就是从绒球中诞生的，所以绣球被视为吉祥之物。人们把各种富于变化的花样，称为"绣球锦"或"绣球纹"，使用在建筑、家具、杂器等各种图案上。在中国古时官衙或庙宇的门前，常有一对石雕的大狮子，右边的雄狮右脚踩着绣球。自古以来，绣球一直被人们所喜爱，每逢新年或吉庆节日，必定有舞龙舞狮表演，舞龙戏珠，舞狮则抢绣球。绣球不但代表着吉祥，还有财富与爱情的含义。

本结结形美观，由五个相勾连的酢浆草结组合而成，每个酢浆草结就像一朵小花，组合而成一朵绣球花，如图3-7（g）所示，正反面图案一致，常用作吉祥挂饰。编制时

要注意耳翼大小一致，相勾连的方向也要相同，结形才会成圆形。

（二）使用材料

单结用绳长度：5号线，80厘米1根。

（三）编结步骤与方法

（1）用80厘米5号线居中编一个酢浆草结，如图3-7（a）所示。

（2）将两边线头从两边耳翼穿出，分别再打两个酢浆草结，如图3-7（b）—（c）所示。

（3）调整好三个结的大小，并预留三个酢浆草结间的连线，如图3-7（d）所示。

（4）参考如意结打法，用两个线头和预留的连线，再打一个酢浆草结，调整好四个结之间的位置，注意大小一致，如图3-7（e）所示。

（5）将两边线头从两边耳翼穿出，并预留连线，如图3-7（f）所示。

（6）用两边的线头和预留的连线再做一个酢浆草结，然后调整结线，整理结体外形，做成一个圆形的环环相扣的绣球结，如图3-7（g）所示。

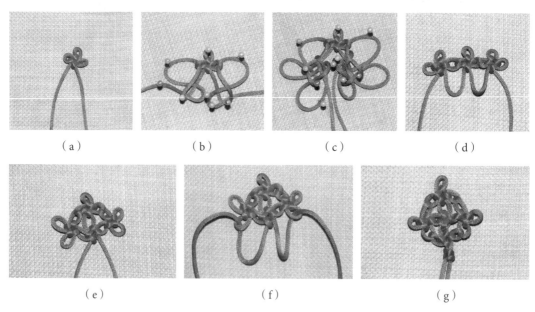

| （a） | （b） | （c） | （d） |

| （e） | （f） | （g） |

图3-7　绣球结的编结步骤

七、袈裟结

袈裟结

（一）内涵与特点

袈裟结又名"修多罗结"，它因多用于僧侣挂饰而得名，有永恒不变、吉祥、辟邪的寓意，是结艺的一种复杂纹样。本结由八个双钱结互相穿连组合而成，如图3-8（h）所示，正反面图案一致。有多种用途，可以做耳环、胸针配饰，也可以在袈裟结上预留挂绳，把它编织成为挂饰的一部分。

（二）使用材料

单结用绳长度：5号线，100厘米1根。

（三）编结步骤与方法

（1）用100厘米5号线1根居中编一个双钱结，接着左右线各退一步，如图3-8（a）所示，右线在环下，左线在环上。

（2）如图3-8（b）所示，取左右两个线头各自穿环：右线压一挑一压一，左线挑一压一挑一。

（3）右边绳放在环下，左边绳放在环上，如图3-8（c）所示。

（4）取左右两个线头各自穿环：右线压一挑一压一，左线挑一压一挑一，如图3-8（d）所示。

（5）右边绳放在环下，左边绳放在环上，并交叉绳子，左线放在右线上，如图3-8（e）所示。

（6）取左线到右边压二挑一压二，如图3-8（f）所示，然后取右线自左往右压一挑一压一挑一压一挑一压一，如图3-8（g）所示。整形完成后打一玉结收尾，如图3-8（h）所示。

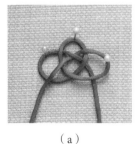

（a）　　　　　　（b）　　　　　　（c）　　　　　　（d）

（e） （f） （g） （h）

图3-8 袈裟结的编结步骤

蝴蝶结

八、蝴蝶结

（一）内涵与特点

蝴蝶编成的结式与蝙蝠形状类似，南方方言中"蝴"与"福"同音，如以蝴蝶配上铜钱即寓意福在眼前，若编上五双蝴蝶可寓意五福临门。

本结是以二回盘长结为主体，再以两边耳翼上各编一个双钱结当蝴蝶的翅膀而成，如图3-9（h）所示。它用途极广，可作为单独的装饰结使用，如胸花、别针，也可以与其他结组合。

（二）使用材料

单结用绳长度：5号线，120厘米1根。

（三）编结步骤与方法

（1）用120厘米5号线1根对折编1个双联结，中心点用珠针固定。如图3-9（a），将右线沿竖直方向走线套2回，用珠针固定。

（2）取右线头编1个双钱结，如图3-9（b）所示。

（3）横向由左向右，按挑一压一挑一压一穿线套2回，如图3-9（c）所示。

（4）取左线横向填空穿线2回：向右时结绳在上，向左时结绳在下，如图3-9（d）所示。

（5）取左线头编1个双钱结，如图3-9（e）所示。

（6）左绳沿竖直方向填空穿线2回：向上时，按挑一压三挑一压三的顺序走线；向下时，按挑二压一挑三压一挑一的顺序走线，如图3-9（f）所示。

（7）抽紧结心，接着左右两边都自上而下，慢慢抽紧结身，注意蝴蝶双翼的位置与对称关系，蝴蝶身体的盘长结要紧密，如图3-9（g）所示。完成后如图3-9（h）所示。

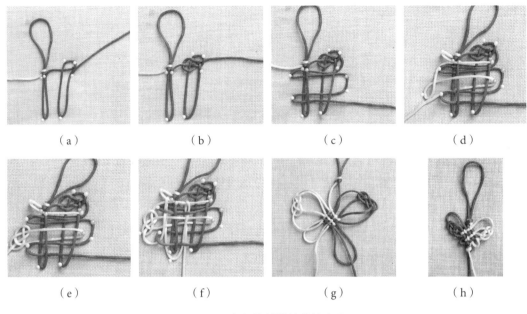

（a）　　　　　　（b）　　　　　　（c）　　　　　　（d）

（e）　　　　　　（f）　　　　　　（g）　　　　　　（h）

图 3-9　盘长蝴蝶结的编结步骤

复翼盘长结

九、复翼盘长结

（一）内涵与特点

由盘长结变化而来，但此结改变盘长结走线的顺序，编好后可将耳翼拉成大小不同的形状，结型美观，如图 3-10（k）所示。此结应用广泛，可作为装饰结的主体结构，也可与其他结形相配，做成各种挂饰、坠饰。

（二）使用材料

单结用绳长度：5号线，300厘米1根。

（三）编结步骤与方法

（1）用300厘米5号线1根对折做1个双联结，中心点用珠针固定。右线先做竖直方向2回线套，再横向自左往右，按挑一压一挑一压一的顺序做1回线套，用珠针固定，如图 3-10（a）所示。

（2）取右线头做包套动作，完成竖直方向第3回线套，如图 3-10（b）所示。

（3）取右线如图 3-10（c）所示，横向按挑一压一挑一压一的顺序做1回线套，接着再如图 3-10（d）所示，横向按挑一压一挑一压一的顺序做1回线套，右线完成。

（4）取左线横向填空穿线2回：向右时结绳在上，向左时结绳在下，如图 3-10（e）

所示。

（5）左线沿竖直方向填空穿线1回：向上时，按挑一压一挑一压三挑一压三走线；沿左侧向下，按挑二压一挑三压一挑一压一挑一穿出，如图3-10（f）所示。

（6）取左线横向填空穿线1回。注意向右时挑起大环的线，向左时压住中环的线，如图3-10（g）所示。

（7）左线沿竖直方向填空穿线2回：向上时，按挑一压三挑一压三挑一压三走线；向下时，挑二压一挑三压一挑三压一挑一穿出，如图3-10（h）—（i）所示。

（8）先拔掉内耳翼的珠针，拉外耳翼，先不管外耳翼的大小，把结心部分抽紧，然后两边都根据线的走向，从上往下，按顺序抽线，如图3-10（j）—（k）所示。抽线时把握一个原则：内耳翼抽干净，外耳翼根据需要保留，将结形调整好，注意左右耳翼的美观对称。

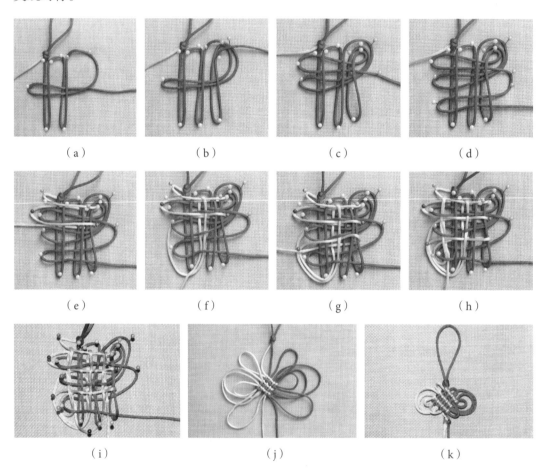

图3-10　复翼盘长结的编结步骤

十、复翼磬结

（一）内涵与特点

复翼磬结由磬结变化而来的，但此结改变磬结走线的顺序，编好后可将耳翼拉成大小不同的形状，结型美观，如图 3-11（k）所示。此结应用广泛，可做成各种挂饰、坠饰。

（二）使用材料

单结用绳长度：5 号线，300 厘米 1 根。

（三）编结步骤与方法

（1）用 300 厘米 5 号线 1 根对折，打一双联结，中心点用珠针固定。右线沿竖直方向走线套 3 回（2 回长，1 回短），用珠针固定，如图 3-11（a）所示。

（2）右绳横向自右向左按挑一压一的顺序穿长线套 1 回，如图 3-11（b）所示。

（3）右线沿竖直方向走短线套 1 回，如图 3-11（c）所示。

（4）右绳横向由右向左按挑一压一的顺序再穿长线套 1 回，如图 3-11（d）所示。

（5）左线横向填空穿线 3 回，向右时，结绳在上；向左时，结绳在下（长线套 2 回，短线套 1 回），如图 3-11（e）所示。

（6）左线沿竖直方向填空穿线 1 回（长线套），向上时，压二挑一压三挑一压三；沿左侧向下时，挑二压一挑三压一挑三穿出，如图 3-11（f）所示。

（7）左线横向填空穿线 1 回（短线套）。注意向右时挑起大环的线，向左时压住中环的线，如图 3-11（g）所示。

（8）左线沿竖直方向填空穿线 1 回（长线套），向上时，压四挑一压三挑一压三；向下时，挑二压一挑三压一挑五穿出，如图 3-11（h）所示。

（9）左线和右线分别沿竖直方向，填空穿线 2 回，向上时，挑一压三挑一压三；向下时，挑二压一挑三压一挑一，如图 3-11（i）所示。

（10）先拔掉内耳翼的珠针，拉外耳翼，先不管外耳翼的大小，把结心部分抽紧，然后根据线的走向从上往下，按顺序抽线，如图 3-11（j）所示。抽线时把握一个原则：内耳翼抽干净，外耳翼根据需要保留，将结形调整好。完成后如图 3-11（k）所示。

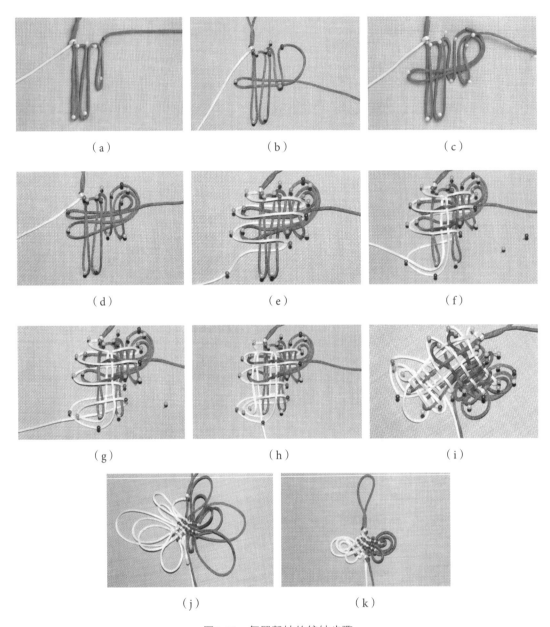

（a） （b） （c）

（d） （e） （f）

（g） （h） （i）

（j） （k）

图3-11　复翼磬结的编结步骤

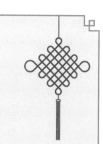

习题与训练

1. 运用纽扣结、万字结、平结编1个蜻蜓结。

2. 如意结有什么特点和寓意，编1个如意结。

3. 运用如意结、吉祥结编1个吉祥如意结。

4. 袈裟结有什么特点？试着编1个袈裟结挂件。

5. 盘长结和复翼盘长结有什么不同？试着编1个复翼盘长结。

6. 磬结和复翼磬结有什么不同？试着编1个复翼磬结。

第四章

中国结的组合与应用

【学习目标】在掌握了基本结和变化结的编结技能基础上，本章分手链、书签、杯垫、蔬果、动物以及挂饰六部分来介绍中国结的组合。学生通过学编具体的结艺作品，了解中国结的组合与应用范围之广，并掌握编制的方法，感受中国结作品的魅力，能迁移运用结艺，尝试进行创意设计。

一、手链

（一）鸳鸯手链

制作材料：7号线，黑色160厘米1根，红色160厘米1根。

（1）取红黑2根线中心点，分别向左右两边各打4个蛇结，如图4-1（a）所示。

（2）将红黑2根线的4个线头合在一起，2根红线做轴，2根黑线围绕黑线打金刚结，如图4-1（b）所示。

（3）编至需要的长度（根据手腕大小确定）后抽紧黑线，如图4-1（c）所示。

（4）换2根黑线做轴，2根红线围绕黑线打金刚结，如图4-1（d）所示。

（5）编至与黑线编的结大致相等，抽紧红线，如图4-1（e）所示。

（6）把4个线头一分为二，编1个纽扣结，剪去余线烧粘，如图4-1（f）所示（也可以剪掉2根红线烧粘，2根黑线穿过珠子，打个双联结，剪去多余的线烧粘）。

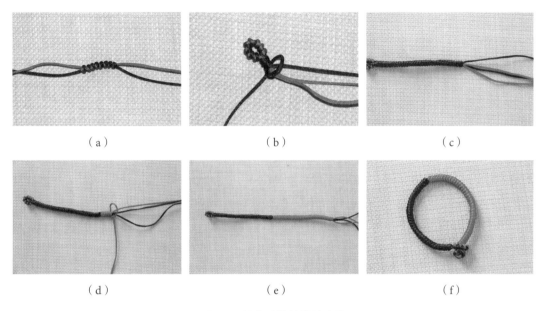

（a）　　　　　　　　　　　（b）　　　　　　　　　　　（c）

（d）　　　　　　　　　　　（e）　　　　　　　　　　　（f）

图4-1　鸳鸯手链的编结步骤

（二）花朵手链

制作材料：5号线，深紫色150厘米1根，浅紫色80厘米1根。

花朵手链

（1）深紫色线对折，打4个金刚结，抽紧，注意左边要留出1个环，如图4-2（a）所示。

（2）空出一段，打1个双联结，再空出一段打4个蛇结，如图4-2（b）所示。

（3）把深紫色的两线交叉做轴，取浅紫色线对折，以正雀头结挂在轴上，如图4-2（c）所示。

（4）把深紫色的线拉紧，然后以深紫色的线为轴，2根浅紫色的线分别做绕线，各打1次单结，做成2个雀头结，拉紧，如图4-2（d）所示。

（5）继续以深紫色的线为轴，2根浅紫色的线各打2次单结，在两边各做1个雀头结，拉紧，如图4-2（e）所示。

（6）把2根深紫的线交叉做轴，把浅紫色的2根线自前往后，包住深紫色的线，拉紧深紫色线的2个线头，一朵小花就做好了，如图4-2（f）所示。

（7）用深紫色的线打1个蛇结，如图4-2（g）所示。

（8）按照（3）—（7）的步骤和方法，继续打2朵小花（最后1个蛇结不打），收紧线，剪去浅紫色的余线，烧粘在结体后面，如图4-2（h）所示。

（9）再打4个金刚结，空出一段打1个双联结，再空出一段打2个蛇结，再打1个纽扣结，剪去余线烧粘，如图4-2（i）所示。

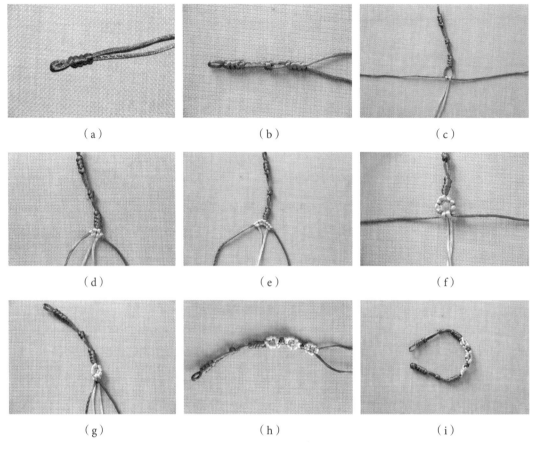

图4-2　花朵手链的编结步骤

（三）绿叶手链

制作材料：7号线，绿色150厘米5根。

（1）取1根线做轴，其余4根做绕线，左短右长，在轴上打右手斜卷结（轴线上面留30厘米），如图4-3（a）所示。

（2）调转结体，把最上面的挂线拉下来做轴，其余的3根挂线打左手斜卷结，如图4-3（b）所示。

（3）轴线往回走，其他3根线打右手斜卷结，如图4-3（c）所示。

（4）最上面的线拉下来做轴，其余2根线做绕线打右手斜卷结，如图4-3（d）所示。

（5）继续把最上面的线拉下来做轴，剩余的1根线做绕线打右手斜卷结，如图4-3（e）所示。

（6）以最初的轴线做轴，把其余的4根线都分别做绕线打左手斜卷结，如图4-3（f）所示。

（7）调转结体，把最上面的挂线拉下来做轴，其余的3根挂线打右手斜卷结，如图4-3（g）所示。

（8）轴线往回走，其他3根线打左手斜卷结，如图4-3（h）所示。

（9）把最上面的线拉下来做轴，其余2根线做绕线打左手斜卷结，接着再把最上面的线拉下来做轴，剩余的1根线做绕线打斜卷结，如图4-3（i）所示。

（10）以最初的轴线做轴，把其余的4根线都分别做绕线打右手斜卷结，如图4-3（j）所示。

（11）按照（2）—（10）的步骤和方法继续打结，达到需要的长度，留两端的轴线，其余的线剪掉烧粘。另取一截线用绕线法把2根轴线捆在一起，剪去余线烧粘。2根轴线可以穿小珠子，也可以打八字结收尾，如图4-3（k）所示。

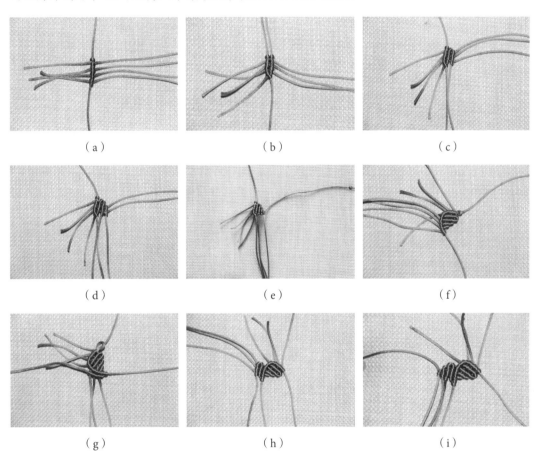

（a）　　　　　　　（b）　　　　　　　（c）

（d）　　　　　　　（e）　　　　　　　（f）

（g）　　　　　　　（h）　　　　　　　（i）

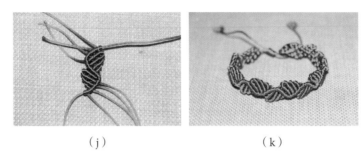

（j） （k）

图4-3 绿叶手链的编结步骤

（四）心连心手链

制作材料：7号线，宝蓝色280厘米1根、80厘米1根，淡蓝色280厘米1根、80厘米1根。

（1）取宝蓝色线，以280厘米线为轴，80厘米线对折做绕线，居中打1个正雀头结，如图4-4（a）所示。

（2）以2根短的线分别做绕线，在轴上向两边打雀头结，共打8个雀头结，如图4-4（b）所示。

（3）以中间2根短为轴，打3组平结，如图4-4（c）所示。

（4）把4根线一分为二，取右侧短线做轴，用右边的长线打8个雀头结，如图4-4（d）所示。

（5）取左侧的短线做轴，用左边的长线打8个雀头结，如图4-4（e）所示。

6.把4根线合在一起，中间2根短线做轴，左右两侧的长线当绕线，打3组平结，如图4-4（f）所示。

（7）按（4）—（6）的步骤和方法再打3次，接着把4根线一分为二，打1个纽扣结，剪去余线烧粘。宝蓝色的手链完成，如图4-4（g）所示。

（8）取淡蓝色80厘米和250厘米的线，按照（1）—（3）的步骤和方法打完3组平结后，与先前打好的宝蓝色手链拼合：把4根线一分为二，取右侧短线做轴，用右边的长线打8个雀头结；取左侧的短线做轴，用左边的长线打8个雀头结，再打3组平结，如图4-4（h）所示。

（9）按照步骤（8）的方法再打2次，接着把4根线合在一起，中间2根做轴，左右两侧的线当绕线，打3组平结，最后把4根线一分为二，打1个纽扣结，剪去余线烧粘即可。成品如图4-4（i）所示。

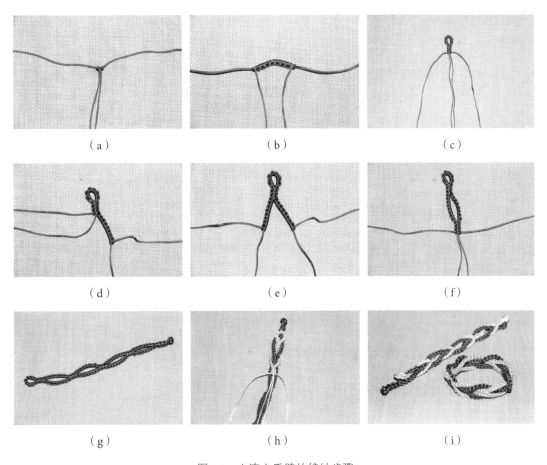

（a）　　　　　　　　　（b）　　　　　　　　　（c）

（d）　　　　　　　　　（e）　　　　　　　　　（f）

（g）　　　　　　　　　（h）　　　　　　　　　（i）

图4-4　心连心手链的编结步骤

二、杯垫

（一）梅花杯垫

制作材料：5号线，藕色90厘米1根，紫色100厘米1根，黑色70厘米1根。

（1）取1根90厘米藕色线编1个十五孔笼目结，并且把线调整至一边长，一边短，如图4-5（a）所示。

（2）取长线的线头沿着短线的外侧走线，如图4-5（b）所示。

（3）走完一圈后，剪去余线，把线头烧粘在结体后面，如图4-5（c）所示。

（4）取100厘米紫色线走线2次，然后取70厘米黑色线走线1次。剪去余线烧粘，如图4-5（d）所示。

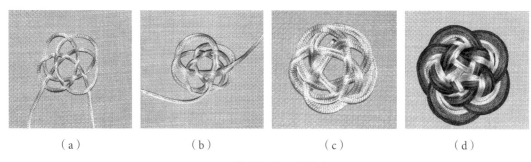

（a）　　　　　　（b）　　　　　　（c）　　　　　　（d）

图4-5　梅花杯垫的编结步骤

（二）十全杯垫

制作材料：5号线，驼色100厘米1根，金色100厘米1根，咖啡色120厘米1根。

十全结由5个双钱结组成，5个双钱结相当于10个铜钱，因此而得名为"十全结"，寓意十全富贵、十全十美。十全结既可以做挂饰，也可以做成杯垫。

（1）取驼色线居中打1个双钱结，如图4-6（a）所示。

（2）左线从右线上面过来，从上往下穿进右侧的耳翼，线头在下，然后沿逆时针方向转1次，形成2个互压的圈，如图4-6（b）所示。

（3）取右线从下往上穿过左侧的耳翼，线头在下，沿逆时针方向转1次，形成2个互压的圈，如图4-6（c）所示。

（4）取左右的线头各打1个双钱结：右边线头在下，然后按挑一压一挑一压一挑一压一走线；左边取出线头，按压一挑一压一挑一压一挑一走线。注意3个双钱结耳翼相连，如图4-6（d）所示。

（5）取2个线头纵向做1个双钱结：左边的线向上弯起，做挑二压一出；右边的线向上弯起，做压一挑一压一挑一出，如图4-6（e）所示。

（6）取2个线头继续纵向做1个双钱结：右边的线头挑二压一挑二出，如图4-6（f）所示。

（7）再用左边的线头挑一压一挑一压一挑一压一挑一出。整理完成十全结，如图4-6（g）所示。

（8）分别取金色和咖啡色的线，沿着外圈跟线各1次，如图4-6（h）所示。

（9）剪去余线，烧粘、隐藏线头，如图4-6（i）所示。

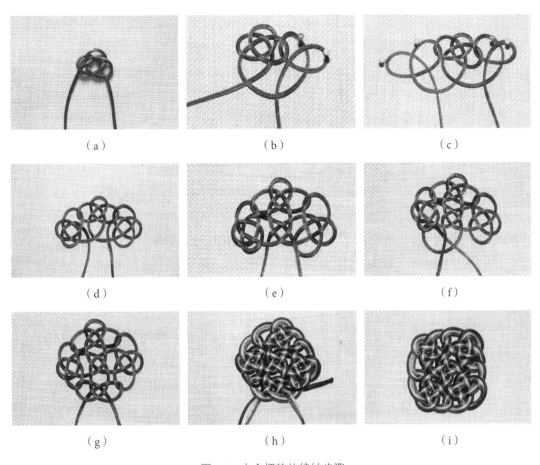

图4-6　十全杯垫的编结步骤

（三）玫瑰杯垫

制作材料：玉线，玫红色250厘米4根、300厘米1根，墨绿色200厘米3根。

玫瑰杯垫

（1）将4根玫红色250厘米线分别对折，将300厘米线在2米与1米处对折，接着互套，抽紧，如图4-7（a）所示。

（2）从2米长的线数起，向右第5根做轴，其余9根线做绕线打1圈斜卷结，如图4-7（b）所示。

（3）第2圈继续以第5根为轴，第1根绕线编斜卷结，接着绕线和轴合并做轴，第2根绕线编斜卷结，如图4-7（c）所示。

（4）绕线和轴合并做轴，第3根绕线编斜卷结，以此类推，编至剩4根绕线，这时轴有6根线。6根线继续做轴，绕线编好后不再做轴，如图4-7（d）所示。

（5）6根线继续做轴，依次把4根绕线编完，如图4-7（e）所示。

（6）开始把合并的轴线放出来：在合并的轴线中随意取1根做绕线，在合并的轴上打斜卷结。按这样的方法依次减线，一直减到剩1根轴线，如图4-7（f）所示。

（7）将轴线从结体处穿过（具体位置以抽紧轴线后，稍微有点空隙为宜），如图4-7（g）所示。

（8）用右边第1根线做绕线，其余所有的线分别做轴编一排斜卷结，如图4-7（h）所示。

（9）把从结体处穿过的线抽紧做轴，打斜卷结，如图4-7（i）所示。

（10）用右边第1根线做轴，第2根做绕线打斜卷结，如图4-7（j）所示。

（11）接着绕线和轴合并做轴，第3根绕线编斜卷结；继续绕线和轴合并做轴，第4根绕线编斜卷结，以此类推，编完所有的线，如图4-7（k）所示。

(12) 合并的轴线里随意取1根做绕线，在合并的轴上打斜卷结，继续在合并的轴线里随意取1根做绕线，在合并的轴上打斜卷结。按这样的方法依次减线，一直减到剩1根轴线。将轴线从结体处穿过，如图4-7（l）所示。

（13）用右边第1根线做绕线，其余所有的线分别做轴编一排斜卷结，将从结体处穿过的轴线抽紧做轴，打斜卷结，如图4-7（m）所示。

（14）用右边第1根线做轴，第2根做绕线打斜卷结，接着绕线和轴合并做轴，第3根绕线编斜卷结，绕线和轴合并做轴，第4根绕线编斜卷结，以此类推，编完所有的线，如图4-7（n）所示。

（15）按照步骤（12）—（14）的方法继续编16次左右，玫瑰花完成。然后编玫瑰花的叶子：取1根墨绿色的线对折做绕线，在合并的轴上打斜卷结，打好后剪掉2根红线；取1根墨绿色的线对折做绕线，在合并的轴上打斜卷结（把前面加的绿线的一半也并到轴里），打好后剪掉2根红线；从合并的轴中取1根墨绿色的线，在合并的轴上打斜卷结，打好后剪掉2根红线；加1条墨绿色的线，剪掉红线，最后只剩1条红线1条绿线，如图4-7（o）所示。

（16）将绿色的线按图所示穿过去，然后用绿线做绕线，红线做轴，打斜卷结。剪去红线烧粘，如图4-7（p）所示。

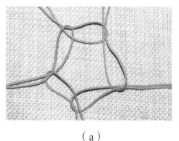
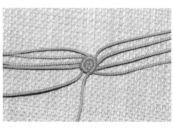
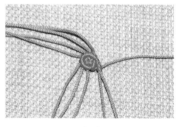

| （a） | （b） | （c） |

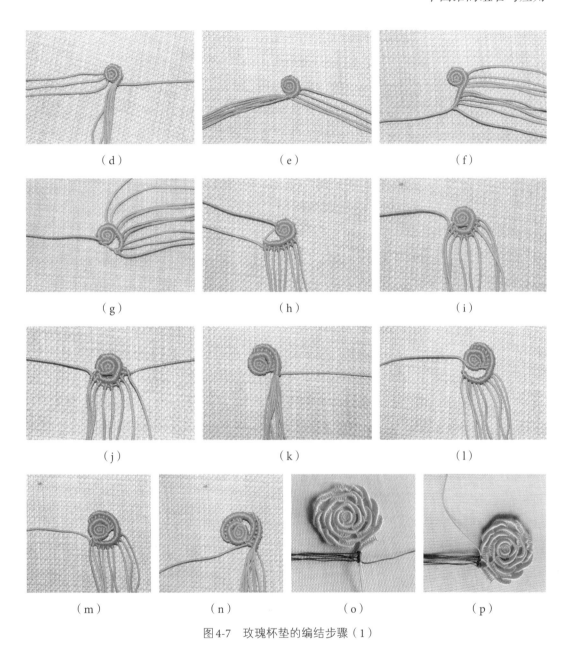

（d） （e） （f）

（g） （h） （i）

（j） （k） （l）

（m） （n） （o） （p）

图4-7 玫瑰杯垫的编结步骤（1）

（17）将绿色的线折回做轴，其余的绿线在轴上打斜卷结，如图4-8（a）所示。

（18）将最上面的线拉下做轴，其余的线在轴上打斜卷结。依次打3排斜卷结，如图4-8（b）所示。

（19）最上面1根不编，第2根线拉下做轴，其余的线在轴上打斜卷结，如图4-8（c）所示。

（20）将最上面的线拉下做轴，其余的线在轴上打斜卷结；再剩1根不编，下1根拉下做轴，其余的线在轴上打斜卷结，如图4-8（d）所示。

（21）轴线折回继续做轴，取3根线编斜卷结，如图4-8（e）所示。

（22）将最上面的线拉下做轴，取4根线编斜卷结，如图4-8（f）所示。

（23）将最上面的线拉下做轴，取4根线继续编斜卷结，如图4-8（g）所示。

（24）将最上面的线拉下做轴，4根线继续在轴上打斜卷结，把前面不编的那根线也加上，如图4-8（h）所示。

（25）将最上面的线拉下做轴，5根线在轴上打斜卷结。按同样方法继续打1次。至此大叶子编完，左右各6排斜卷结，如图4-8（i）所示。

（26）将轴线穿过前面穿线的位置，折回抽紧继续做轴，其余5根线在轴上打斜卷结，如图4-8（j）所示。

（27）将最上面的线拉下做轴，5根线在轴上打斜卷结，接着剩1根不编，下1根拉下做轴，其余的线在轴上打斜卷结，再剩1根不编，下1根拉下做轴，其余的线在轴上打斜卷结，共4排斜卷结，如图4-8（k）所示。

（28）轴线折回继续做轴，取3根线编斜卷结，如图4-8（l）所示。

（29）将最上面的线拉下做轴，4根线在轴上打斜卷结；将最上面的线拉下做轴，5根线在轴上打斜卷结；将最上面的线拉下做轴，按同样方法继续打1次。至此中叶子编完，左右各4排斜卷结，如图4-8（m）所示。

（30）将轴线穿过前面穿线的位置，折回抽紧继续做轴，其余5根线在轴上打斜卷结，如图4-8（n）所示。

（31）接下来按编中叶子的方法编小叶子。小叶子左右各3排斜卷结。最后，将轴线穿过前面穿线的位置，在结体后面粘住。剪去余线烧粘。如图4-8（o）所示。

（a）	（b）	（c）

（d）	（e）	（f）

（g）　　　　　　　　　（h）　　　　　　　　　（i）

（j）　　　　　　　　　（k）　　　　　　　　　（l）

（m）　　　　　　　　　（n）　　　　　　　　　（o）

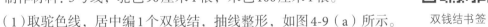

图4-8　玫瑰杯垫的编结步骤（2）

三、书签

（一）双钱结书签

制作材料：5号线，驼色90厘米1根，米色100厘米1根。

双钱结书签

（1）取驼色线，居中编1个双钱结，抽线整形，如图4-9（a）所示。

（2）取2个线头纵向做1个双钱结：左线压在右线上，形成第1个圈，左线顺逆时针方向转一下，形成第2个圈，把第2个圈压在第1个圈上。右线挑1压1挑出。整形。如图4-9（b）所示。

（3）取左边的线横向打1个双钱结，右边的线也横向打1个双钱结，如图4-9（c）所示。

（4）取2个线头纵向打2个双钱结，收紧整形，如图4-9（d）所示。

（5）取米色线沿着驼色线的外沿跟线1次，收紧整形，如图4-9（e）所示。

（6）取米色线的2个线头打1个双联结。驼色线从双联结的中心穿过。4个线头各打八字结。剪去余线，烧粘。成品如图4-9（f）所示。

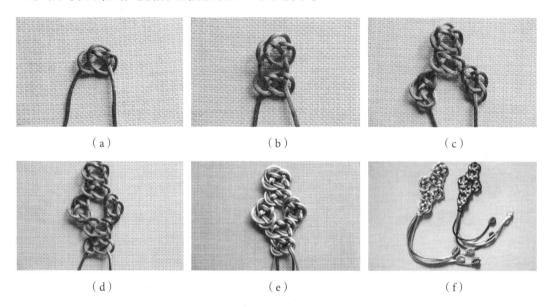

| （a） | （b） | （c） |
| （d） | （e） | （f） |

图4-9　双钱结书签的编结步骤

（二）芭蕉叶书签

制作材料：绿色玉线，100厘米5根、30厘米7根。

（1）取1根100厘米线做轴，另取4根100厘米线对折，居中编斜卷结，如图4-10（a）所示。

（2）轴线二分之一处折回做轴，4根挂线继续编斜卷结，如图4-10（b）所示。

（3）先编右侧，最上面的线拉下做轴，其余4根线编右手斜卷结，如图4-10（c）所示。

（4）继续按上述方法再编3排右手斜卷结，左侧按同样的方法编左手斜卷结，编完后左右两侧各有5排斜卷结，如图4-10（d）所示。

（5）两根轴交叉打斜卷结，如图4-10（e）所示。

（6）转动结体，左右两边都以交叉对打的那根线做轴，其余4根线做绕线打斜卷结，打完后在轴上各加1根30厘米的线，如图4-10（f）所示。

（7）两边的轴折回做轴，其余的线继续打斜卷结，如图4-10（g）所示。

（8）两边各打3次：拉最上面的线做轴，其余的线做绕线打斜卷结，然后2根轴交叉打斜卷结。如图4-10（h）所示。

（9）按照步骤（6）—（8）的方法，继续打2遍。留中间4根线，其余的线剪去烧粘。然后以中间4根线为轴，另取1根40厘米的线为绕线打10组平结。4根线的线头可以穿小珠子装饰，也可以打八字结收尾。成品如图4-10（i）所示。

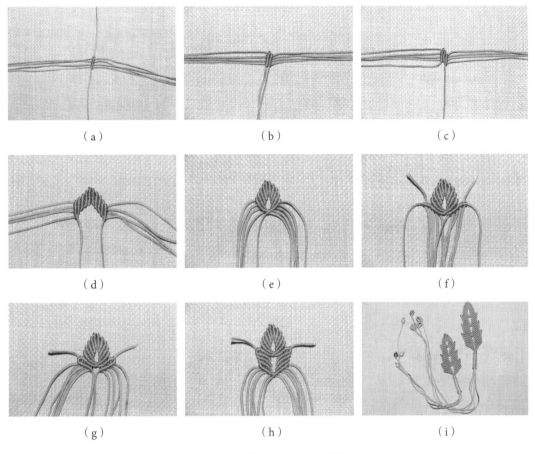

（a）　　　　　　　　　（b）　　　　　　　　　（c）

（d）　　　　　　　　　（e）　　　　　　　　　（f）

（g）　　　　　　　　　（h）　　　　　　　　　（i）

图4-10　芭蕉叶书签的编结步骤

四、蔬果

（一）花生

花生

制作材料：5号线，红色40厘米4根、350厘米1根。

（1）取1根40厘米线对折，编双联结，如图4-11（a）所示。

（2）把另外3根40厘米线叠放在一起，然后用打过双联结的线居中打1个死结，形成8根轴，取1根轴作为编绕的起点，头上打1个死结，做好记号，如图4-11（b）所示。

（3）350厘米线对折做绕线，把做好记号的轴放进对折的绕线中，然后把2根绕线交叉一下，放进1根轴，绕线再交叉，再放进1根轴，依次类推。如图4-11（c）所示。

（4）用绕线交叉、轴夹中间的方法，编到做记号的轴，一圈完成，如图4-11（d）所

示。注意第1圈要编得紧一点，尽量靠近中心点。

（5）从第2圈开始，编法相同，但要快速向外放大，如图4-11（e）所示。

（6）从第5—8圈基本上是统一松紧度。从第9—12圈开始渐渐收紧。如图4-11（f）所示。

（7）第13圈开始再放大，第14—16圈基本上统一松紧度，第17—20圈渐渐收紧。整个花生20圈，结束时把2根绕线在轴上打1个死结。如图4-11（g）所示。

（8）任意留面对面2根轴，其余的线都塞进花生内，如图4-11（h）所示。

（9）用留着的2根轴打2次死结，再把线头塞进花生内即可，如图4-11（i）所示。

图4-11　花生的编结步骤

玉米

（二）玉米

制作材料：5号线，黄色360厘米1根，白色80厘米5根，绿色70厘米1根。

（1）取5根白色线编玉米结1次，如图4-12（a）所示。

（2）取绿色线对折，编双联结，然后把绿色线穿过玉米结的结心，如图4-12（b）所示。

（3）用白色线再打一次玉米结，形成10根轴。取1根轴作为编绕的起点，头上打1个死结，做好记号。如图4-12（c）所示。

（4）350厘米线对折做绕线，把做好记号的轴放进对折的绕线中，然后把2根绕线交叉一下，放进1根轴，绕线再交叉，再放进1根轴，依次类推，用绕线交叉、轴夹中间的方法，编到做记号的轴，一圈完成。注意第1圈要编得紧一点，尽量靠近中心点。注意把2根绿线放在外面。如图4-12（d）所示。

（5）从第2圈开始，编法相同，但要快速向外放大，从第4—15圈基本上是统一松紧度。从第16圈开始渐渐收紧，整个玉米21圈，结束时把2根绕线在轴上打1个死结，塞进玉米内。任意取面对面2根轴，打1个纽扣结，其余的轴线都从纽扣结中心穿过，收紧结体。如图4-12（e）所示。

（6）把轴线散开，形成玉米穗，修剪整齐；2根绿线线头分别穿过玉米结，剪去余线，用胶棒烧粘，做成叶子。如图4-12（f）所示。

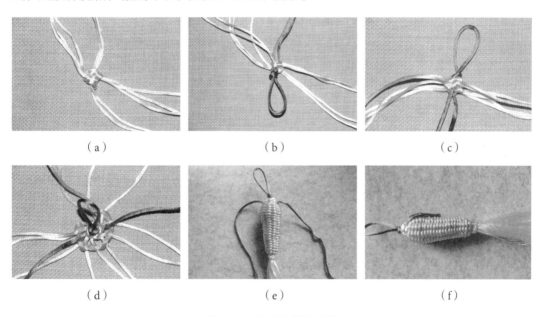

（a）　　　　　（b）　　　　　（c）

（d）　　　　　（e）　　　　　（f）

图4-12　玉米的编结步骤

（三）辣椒

制作材料：5号线，红色300厘米1根、40厘米4根，绿色40厘米1根。

（1）取1根40厘米线对折，编双联结，如图4-13（a）所示。

（2）把另外3根40厘米线叠放在一起，然后用打过双联结的线居中打1个死结，形成8根轴，取1根轴作为编绕的起点，头上打1个死结，做好记号，如图4-13（b）所示。

（3）300厘米线对折做绕线，把做好记号的轴放进对折的绕线中，然后把2根绕线交叉一下，放进1根轴，绕线再交叉，再放进1根轴，依次类推，如图4-13（c）所示。

（4）用绕线交叉、轴夹中间的方法，编到做记号的轴，一圈完成。注意第1圈要编得紧一点，尽量靠近中心点。如图4-13（d）所示。

（5）从第2圈开始，编法相同，但要快速向外放大，如图4-13（e）所示。

（6）从第11圈开始渐渐收紧，从第16圈开始减轴线：第16圈减1根，即把2根轴夹在一起，其中1根塞辣椒里面；第17圈不减；第18圈减2根；第19圈不减；第20圈减2根；第21圈减1根；第22圈绕线打死结。剪去余线，直接烧粘在外面。如图4-13（f）所示。

（7）取5号绿色线编1个十孔笼目结，把线调到一边，控制结体大小，然后长线沿着短线外沿跟线，如图4-13（g）所示。

（8）跟线1次后，剪去余线烧粘，做成辣椒叶子，如图4-13（h）所示。

（9）把叶子和辣椒的身体合在一起，可以用胶烧粘一下，如图4-13（i）所示。

（a）	（b）	（c）
（d）	（e）	（f）
（g）	（h）	（i）

图4-13　辣椒的编结步骤

（四）西红柿

制作材料：5号线，红色300厘米1根、50厘米1根、30厘米7根，绿色80厘米1根。

（1）取1根50厘米线对折，编4个金刚结，如图4-14（a）所示。

（2）用编好金刚结的线把30厘米的7根线叠放在一起，居中打1个死结，形成16根轴，取1根轴作为编绕的起点，头上打1个死结，做好记号，如图4-14（b）所示。

（3）250厘米线对折做绕线，把做好记号的轴放进对折的绕线中，然后把2根绕线交叉一下，放进1根轴，绕线再交叉，再放进1根轴，依次类推，用绕线交叉、轴夹中间的方法，编到做记号的轴，一圈完成。注意第1圈要编得紧一点，尽量靠近中心点。从第2圈开始，编法相同，但要快速向外放大，从第5—10圈基本上是统一松紧度。如图4-14（c）所示。

（4）从第11圈开始渐渐收紧，第17圈把2根绕线交叉一下，放进2根轴，绕线交叉，放进1根轴；绕线交叉放进2根轴，绕线交叉，放进1根轴，依次类推。如图4-14（d）所示。

（5）第18圈时把合并的2根轴中的1根轴塞到西红柿里面，如图4-14（e）所示。

（6）第19圈把2根绕线交叉一下，放进2根轴，绕线交叉，放进2根轴，依次类推，如图4-14（f）所示。

（7）编第20圈时把合并的2根轴中的1根轴塞到西红柿里面，编至起始处，取2根绕线在轴线上打1个死结，如图4-14（g）所示。

（8）任意留面对面2根轴，其余的线都塞进西红柿内，然后用留着的2根轴打2次死结，再把线头塞进西红柿内即可，如图4-14（h）所示。

（9）取5号绿色线编1个十孔笼目结，把线调到一边，然后长线沿着短线外沿跟线2次，剪去余线烧粘，如图4-14（i）所示。注意：第1次要跟得紧，第2次要跟得松。

（10）把叶子和西红柿的身体合在一起，把5片叶子捏尖，再用胶棒烧粘一下，如图4-14（j）所示。

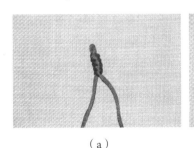
（a）

（b）

（c）

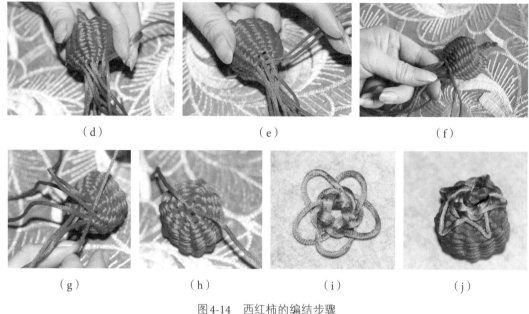

（d） （e） （f）

（g） （h） （i） （j）

图4-14　西红柿的编结步骤

（五）苹果

制作材料：5号线，红色800厘米1根、40厘米12根，咖啡色40厘米2根，绿色50厘米4根、80厘米4根。

1.苹果果实

（1）取2根50厘米咖啡色线，编8次玉米结。把12根40厘米的线叠放在一起，用编好玉米结的线居中打死结，形成24根轴，取1根轴作为编绕的起点，头上打1个死结，做好记号。如图4-15（a）所示。

（2）800厘米线对折做绕线，第1圈2根轴夹在一起编，要编得紧一点，尽量靠近中心点，如图4-15（b）所示。

（3）第2圈开始按放1根轴，2根绕线交叉一下，放进1根轴，按绕线再交叉的顺序，编到做记号的轴，一圈完成，如图4-15（c）所示。从第3圈开始，编法相同，但要快速向外放大。

（4）从第8—12圈基本上是统一松紧度。从第13圈开始渐渐收紧，第19圈把2根绕线交叉一下，放进2根轴，绕线交叉，放进1根轴；绕线交叉放进2根轴，绕线交叉，放进1根轴，依次类推。编第20圈时把合并的2根轴中的1根轴塞到苹果里面。第21圈把2根绕线交叉一下，放进2根轴，绕线交叉，放进2根轴，依次类推。编第22圈时把合并的2根轴中的1根轴塞到苹果里面。第23圈把2根绕线交叉一下，放进2根轴，绕线交叉，放进2根轴，依次类推。编第24圈时把合并的2根轴中的1根轴塞到苹果里面。如

图4-15（d）所示。

（5）取2根绕线在轴线上打1个死结。任意留面对面2根轴，其余的线都塞进苹果内，然后用留着的2根轴打2次死结，再把线头塞进苹果内即可，如图4-15（e）所示。

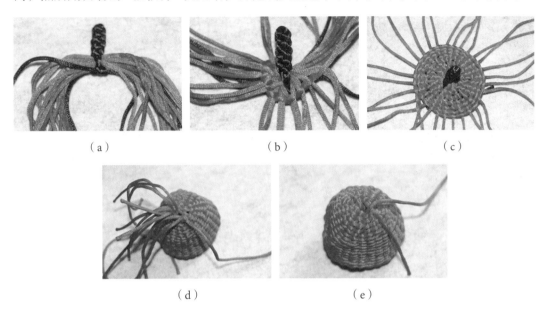

（a）　　　　　　　（b）　　　　　　　（c）

（d）　　　　　　　（e）

图4-15　苹果果实的编结步骤

2.苹果叶子

（1）1根50厘米绿色线对折，找到中心点，再用其余3根50厘米绿色线做绕线，打斜卷结分别挂在轴上，如图4-16（a）所示。

苹果叶子

（2）把轴线的另一半折回来做轴，3根挂线再分别做绕线，打右手斜卷结，如图4-16（b）所示。

（3）2根轴线交叉，左右各4根线，接着把最上面的线分别拉下来做轴，用其余的3根线做绕线，打斜卷结，如图4-16（c）所示。

（4）再把2根轴线交叉，把最上面的线分别拉下来做轴，用其余的3根线做绕线，打斜卷结。接着以同样的方法再打3次，完成后左右各6排斜卷结。按照（1）—（4）的步骤，用4根80厘米的绿线做大叶子。大叶子左右各8排斜卷结。如图4-16（d）所示。

（5）剪去余线烧粘，中间可以绣上金线，如图4-16（e）所示。

（6）用热熔胶把叶子和苹果的身体粘在一起。成品如图4-16（f）所示。

（a）	（b）	（c）
（d）	（e）	（f）

图4-16　苹果叶子的编结步骤

石榴

（六）石榴

制作材料：5号线，玫红色300厘米1根，黄色40厘米8根。

（1）取1根40厘米黄色线对折，编双联结，把另外3根40厘米黄色线叠放在一起，然后用打过双联结的线居中打1个死结，形成16根轴，取1根轴作为编绕的起点，头上打1个死结，做好记号。300厘米线对折做绕线，第1圈2根轴夹在一起编，要编得紧一点。如图4-17（a）所示。

（2）用绕线交叉、2根轴夹中间的方法一共编4圈，如图4-17（b）所示。

（3）第5圈开始按绕线交叉、1根轴夹中间的方法，一共编8圈。接着再按绕线交叉、2根轴夹中间的方法一共编4圈。取2根绕线在轴线上打1个死结，然后把绕线塞进石榴里面。如图4-17（c）所示。

（4）取相邻的2根轴线打2次死结，再把余线塞进结体内，如图4-17（d）所示。

（5）所有的轴线都相互打2次死结，余线塞进结体内，注意不要把余线塞得太里面，外面要露出一截。成品如图4-17（e）所示。

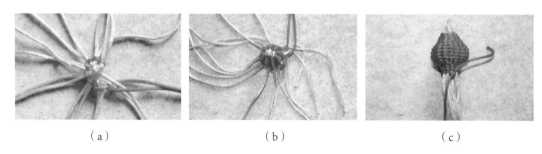

（a）	（b）	（c）

（d） （e）

图4-17 石榴的编结步骤

（七）草莓

制作材料：5号线，玫红色（或大红色）40厘米8根、320厘米1根，墨绿色（或黑色）70厘米1根，绿色玉线110厘米7根。

1.草莓果实

（1）用4根40厘米的红线居中做1次玉米结，形成8根轴线，如图4-18（a）所示。

（2）将玉米结反过来再加4根线做1次玉米结，形成16根轴线，如图4-18（b）所示。

草莓果实

（3）第1圈，用320厘米的长线固定一端，用斜卷结绕16根轴线编一圈，如图4-18（c）所示。

（4）第2圈用玫红和墨绿线交替绕斜卷结，但墨绿线只编半个斜卷结（绕一圈），如图4-18（d）所示。

（5）第3圈编法同第1圈，如图4-18（e）所示。

（6）第4圈编法同第2圈，如图4-18（f）所示。

（7）第5圈是用红线编3根减1根（把减掉的轴线塞进结体），共减4根轴线。第6圈是用红线编2根，绿线编1根（半个斜卷结）。如图4-18（g）所示。

（8）编好后把墨绿线剪短塞进结体。第7圈用红线编斜卷结。如图4-18（h）所示。

（9）第8圈，把两根相邻的轴线编斜卷结，并把朝向里的6根剪短塞到草莓里，绕线也塞到草莓里，只剩下6根轴线，如图4-18（i）所示。

（10）把6根轴线做吉祥结，如图4-18（j）所示。

（11）把头剪短，顺着线的走向一根根地塞进结体，如图4-18（k）所示。

（a）　　　　　　（b）　　　　　　（c）

（d）　　　　　　（e）　　　　　　（f）

（g）　　　　　　（h）　　　　　　（i）

（j）　　　　　　（k）

图4-18　草莓果实的编结步骤

草莓叶子

2.草莓叶子

（1）取绿色玉线1根做轴线，居中加2根做绕线，打斜卷结，如图4-19（a）所示。

（2）另一半轴线拉下做轴，2根绕线分别打右手斜卷结，如图4-19（b）所示。

（3）把最上面的挂线，分别从左右两侧拉下做轴，其余的线打斜卷结，如图4-19（c）所示。

（4）加第4根线做绕线，打斜卷结，如图4-19（d）所示。

（5）把最上面的挂线，分别从左右两侧拉下做轴，其余的线打斜卷结，如图4-19（e）所示。

（6）按（4）—（5）的步骤再加第5、第6、第7根线，如图4-19（f）所示。

（7）调转结体，先把右侧轴线折回做轴，打一行右手斜卷结，如图4-19（g）所示。

（8）剩1根线，拉下一根做轴，其余的线打一行右手斜卷结，如图4-19（h）所示。

（9）同样的方法再重复5次，如图4-19（i）所示。

（10）将轴线折返，做左手斜卷结一行，如图4-19（j）所示。

（11）拉下一根做轴，做一行斜卷结（加上左侧剩下的1根线），如图4-19（k）所示。

（12）同样的方法再重复5次，第二片叶子做好了，如图4-19（l）所示。

（13）按（7）—（12）的步骤，再做一片叶子，如图4-19（m）所示。

（14）按（7）—（13）的步骤，再做另一边的两片叶子，如图4-19（n）所示。

（15）把第一片和第五片叶子用斜卷结拼合，如图4-19（o）所示。

（16）剪去余线，烧粘，如图4-19（p）所示。

（17）用2根绿色的玉线穿过玉米结和叶子，把叶子和草莓拼合，如图4-19（q）所示。

（18）把4根线头一分为二，打几个金刚结收尾，如图4-19（r）所示。

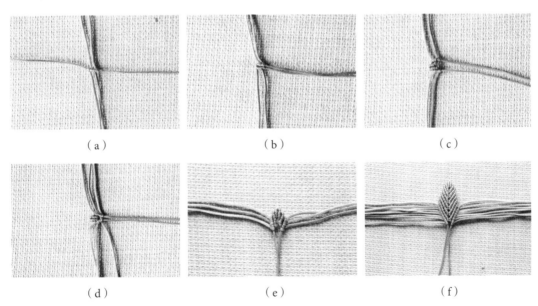

（a）　　　　　　　　　（b）　　　　　　　　　（c）

（d）　　　　　　　　　（e）　　　　　　　　　（f）

（g）　　　　　　　　（h）　　　　　　　　（i）

（j）　　　　　　　　（k）　　　　　　　　（l）

（m）　　　　　　　　（n）　　　　　　　　（o）

（p）　　　　　　　　（q）　　　　　　　　（r）

图4-19　草莓叶子的编结步骤

五、动物

（一）虾

制作材料：4种颜色（颜色多少可以自由选择，也可以同一颜色）5号线7根，其中150厘米1根，120厘米2根，100厘米2根，90厘米2根。活动眼睛1对。

（1）取150厘米线对折，编1个双联结，如图4-20（a）所示。

（2）以对折的2根线为轴，按照从长到短的顺序，以斜卷结依次挂上其余三种颜色的线，120厘米2条、100厘米2条、90厘米2条，如图4-20（b）所示。注意：每条挂线挂好后，左右两边线长相等。

（3）先打右边的挂线：把最上面的挂线拉下来做轴，其余5根挂线分别做绕线，从上到下依次打右手斜卷结，如图4-20（c）所示。

（4）把最上面的挂线拉下来做轴，其余4根挂线分别做绕线，从上到下依次打右斜卷结，如图4-20（d）所示。

（5）以同样的方法把右边的挂线打完，如图4-20（e）所示。

（6）左边按照步骤（3）—（5）的方法，打左手斜卷结，如图4-20（f）所示。

（7）以右边第1根线为轴，其余每根线分别做绕线，打右手斜卷结，打完所有的线。做完轴的线放掉，不再编。如图4-20（g）所示。

（8）取左边第1根线为轴，其余的线分别做绕线，打左手斜卷结，打完所有的线。做完轴的线放掉，不再编。如图4-20（h）所示。

（9）重复步骤（7）—（8），编完所有的线，如图4-20（i）所示。编的时候切记：做过轴的线放掉，不能再编进去；没有做过轴的线一定要编进去，不能漏编。

（10）翻转结体，将上面两两相对的3组线拼合：以右边线为轴，左边线做绕线，分别打右手斜卷结，如图4-20（j）所示。

（11）剪去余线，线头塞进虾的肚子里，如图4-20（k）所示。

（12）左右两侧各有3根线，分别以中间1根为轴，用左右两侧的线做绕线打2—3组平结，如图4-20（l）所示。

（13）把左右两侧6根线和尾部的2根线，用1根金线用绕线法捆在一起。每根线依自己喜欢的长度打一死结，再将多余的线剪掉。用热熔胶粘上活动眼睛。如图4-20（m）所示。

（a）

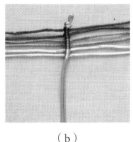
（b）

（c）

（d）

（e）　　　　　　　　　　（f）　　　　　　　　　　（g）

（h）　　　　　　　　　　（i）　　　　　　　　　　（j）

（k）　　　　　　　　　　（l）　　　　　　　　　　（m）

图4-20　虾的编结步骤

（二）蝴蝶

制作材料：5号线，玫红色140厘米2根，孔雀蓝140厘米1根，金黄色140厘米1根。

（1）取1根玫红140厘米线做轴，其余3根线做绕线，按玫红色、孔雀蓝、金黄色的顺序，分别打斜卷结，挂在轴上，如图4-21（a）所示。注意：每条挂线挂好后，左右两边线长基本相等；挂完后把挂线移到轴线二分之一处。

（2）把上半根轴线折回来做轴，其余的挂线分别做绕线，从上到下依次打右手斜卷结，如图4-21（b）所示。

（3）把线一分为二，先打右边：把最上面的挂线拉下来做轴，其余3根挂线分别做绕线，从上到下依次打右手斜卷结，如图4-21（c）所示。

（4）以同样的方法再打4次。至此，右边共有6排斜卷结。如图4-21（d）所示。

（5）打左边：把最上面的挂线拉下来做轴，其余3根挂线分别做绕线，从上到下依次打左手斜卷结，如图4-21（e）所示。

（6）按照步骤（5）的方法，再打左手斜卷结4次。至此，左边也有6排斜卷结。如图4-21（f）所示。

（7）把结体旋转180度，把左右两边的轴线折回做轴，用其余3根线分别做绕线，打斜卷结各1次，如图4-21（g）所示。

（8）把两侧最上面的线拉下做轴，其余3根线分别做绕线，打斜卷结，如图4-21（h）所示。

（9）以同样的方法再打4次。至此，左右两边各新增6排斜卷结。如图4-21（i）所示。

（10）把结体再旋转180度，把左右两边的轴线折回做轴，用其余3根线分别做绕线，打斜卷结各1次，如图4-21（j）所示。

（11）把两侧最上面的线拉下做轴，其余3根线分别做绕线，再打斜卷结各2次。至此，左右两边再各增3排斜卷结。如图4-21（k）所示。

（12）把结体旋转180度，把轴线折回来用一截金线用绕线法绕在轴上（绕线长短自定），如图4-21（l）所示。

（13）左右两边都以折回来的线做轴，其余3根线分别做绕线，打斜卷结。以同样的方法再打2次。如图4-21（m）所示。

（14）将两侧轴线与结体进行勾连，如图4-21（n）所示。

（15）将两侧轴线一起穿过结体，抽紧轴线，如图4-21（o）所示。

（16）另取20厘米玫红色的线，以中间两根轴线为轴编平结，如图4-21（p）所示。

（17）编3—4组平结，剪去余线，烧粘；中间两根轴线打1个双联结，每个线头打八字结收尾。剪去余线烧粘，用胶棒把平结部分与蝶身粘住。如图4-21（q）所示。

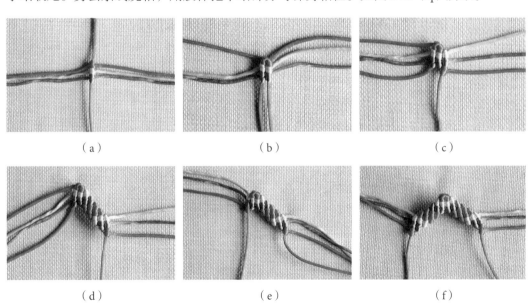

|（a）|（b）|（c）|

|（d）|（e）|（f）|

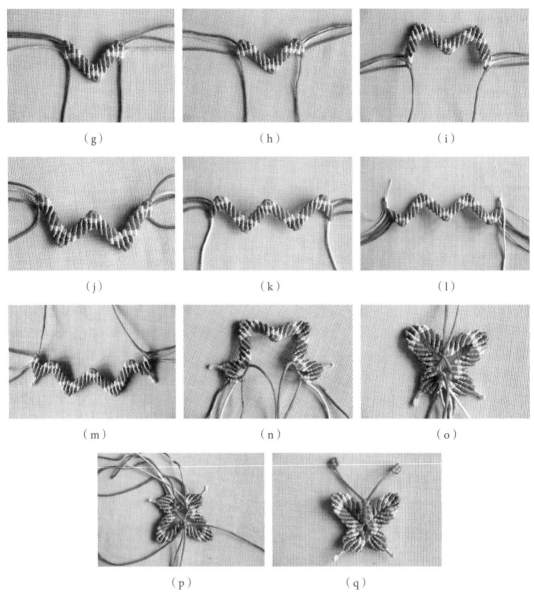

（g） （h） （i）

（j） （k） （l）

（m） （n） （o）

（p） （q）

图4-21 蝴蝶的编结步骤

（三）乌龟

制作材料：5号线，180厘米1根，120厘米1根，60厘米1根；金线40厘米1根。活动眼睛1对。

（1）取180厘米的5号线，打1个龟背结，然后调整结形的大小和线的长短：结形大小控制在跟线2次后基本没有空隙，2根线头一长一短。如图4-22（a）所示。

（2）用长的线沿着短的线外沿跟线，跟线时注意松紧，既不能有缝隙，也不能重叠，要平整，不能跟错。跟线2次后，剪去余线，烧粘在里面。如图4-22（b）所示。

（3）取40厘米的金线，从龟背结任意一处开始，先沿着线的外沿走线1次，如图4-22（c）所示。

（4）沿着线的内沿走线1次，形成龟背的花纹，如图4-22（d）所示。

（5）取120厘米和60厘米的5号线，在2根线各自1/3处打圆形爆竹结8次或9次，做乌龟的头，如图4-22（e）所示。

（6）取余下的两个长的线头打1个龟背结，注意小乌龟的头要在中间，如图4-22（f）所示。根据龟背的大小调整结形。

（7）用长的线沿着短的线外沿跟线，共跟线2次，如图4-22（g）所示。跟线时注意松紧有度。

（8）用余线做乌龟2只后脚和尾巴，用同色细线缝在结体上，接着拉起头部的2个线头，用同样方法做2只前脚，如图4-22（h）所示。

（9）用同色细线缝把龟背和龟底两部分缝合，里面可以塞一些线头或腈纶棉，使龟背高耸起来。用热熔胶粘上活动眼睛即可。成品如图4-22（i）所示。

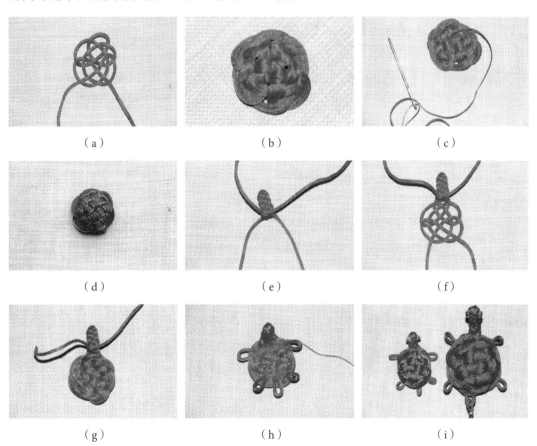

（a）	（b）	（c）
（d）	（e）	（f）
（g）	（h）	（i）

图4-22　乌龟的编结步骤

（四）金鱼

制作材料：7号线，大红色90厘米4根，宝蓝色90厘米6根，金黄色90厘米3根、30厘米6根；小珠子1对。

（1）取1根金黄色90厘米线围成1个圈做轴，把其余90厘米的12根线以反雀头结挂在轴上，注意颜色的排列，如图4-23（a）所示。

（2）取最中间4根：中间2根当轴，其余2根当绕线在轴上编平结，如图4-23（b）所示。

（3）一共编3组平结，如图4-23（c）所示。

（4）以2根绕线分别为轴，其余的挂线从里往外在轴上编斜卷结。注意：第3根挂线在编斜卷结前穿1颗珠子，做金鱼的眼睛；两侧最后1根金黄色的挂线留着不打结。如图4-23（d）所示。

（5）取当初打平结的2根轴线相互打1个斜卷结，然后分别做轴，用左右两边的线各自打斜卷结，如图4-23（e）所示。

（6）把结体翻一个面，然后取中间2根轴线相互打1个斜卷结，然后分别做轴，用左右两边的线各自打斜卷结，如图4-23（f）所示。

（7）继续取中间2根轴线相互打1个斜卷结，然后分别做轴，用左右两边的线各自打斜卷结。按同样的方法，把所有的线都编完。如图4-23（g）所示。

（8）回到正面，先把鱼嘴收紧，注意两边的线要拉得一样长，如图4-23（h）所示。

（9）用鱼嘴的2根线做轴，前面剩下的2根金黄色的线做绕线在轴上编3组平结，如图4-23（i）所示。

（10）把编完平结的线一分为二，分别做绕线在两侧的2根轴线上编斜卷结，如图4-23（j）所示。

（11）将中间4根轴线打1个活结，暂时不动，如图4-23（k）所示。

（12）把结体侧过来，开始编两侧。两侧的编法相同，以一侧为例：步骤（10）中做绕线的2根线继续当绕线，依次在其余的线在上面打反斜卷结，如图4-23（l）所示。注意：反斜卷结是绕线在上，轴线在下。如果不顺手，可以把金鱼肚子朝上，从里面编正的斜卷结（里面正的外面是反的）。

（13）左右两边都按反斜卷结编好，最后形成尖形，如图4-23（m）所示。

（14）把结体翻过来，拼合鱼肚：解开之前打的活结，前2根放下不动，后2根打反斜卷结，打完后放下不动，如图4-23（n）所示。

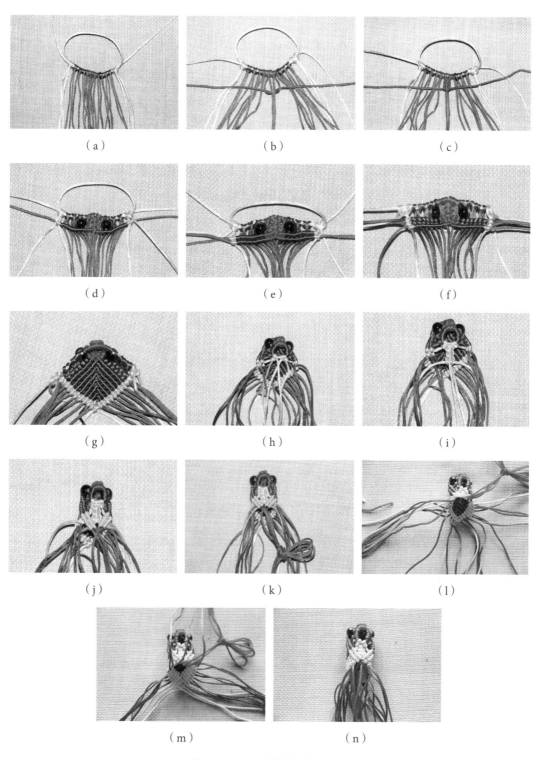

（a） （b） （c）

（d） （e） （f）

（g） （h） （i）

（j） （k） （l）

（m） （n）

图4-23　金鱼的编结步骤（1）

（15）再取下面2根打反斜卷结，打完后放下不动。依次重复打，打完为止。如

图4-24（a）所示。

（16）把结体再翻到正面，把所有的线按根数和颜色一分为二。用最后拼合鱼肚的2根线分别做轴，其余线按2—1—4—1—2—2色的排列打斜卷结（注意把握松紧），最后轴线对打，如图4-24（b）所示。

（17）取第6根线做轴，第1至第5根线当绕线打斜卷结，如图4-24（c）所示。注意把握松紧，形成扇形。

（18）用第7根线做轴，其余7根线当绕线打斜卷结，如图4-24（d）所示。

（19）轴线折回，其他绕线继续打斜卷结，如图4-24（e）所示。注意把握松紧，形成扇形。

（20）剪去余线烧粘。左右分别取最后1根线做轴，其余3根线做绕线打斜卷结，如图4-24（f）所示。

（21）取黄色线做轴，其余4根线做绕线打斜卷结，接着轴线折回，4根线继续做绕线打斜卷结，如图4-24（g）所示。

（22）用相同的方法编好另外一边金鱼尾巴，两根轴对打，如图4-24（h）所示。

（23）剪掉余线烧粘，接着打鱼鳍，以右侧为例：在合适的位置穿过1根30厘米的金黄色的线，上面1根当轴，下面1根当绕线打左手斜卷结，如图4-24（i）所示。

（24）以1个正雀头结，两侧各加1个单结的方式挂1根30厘米的金黄色的线。以同样方式再挂1根。如图4-24（j）所示。

（25）取最里侧的1根线做轴，和挂线分别打斜卷结。挂线打完后，做轴的线当绕线，在第一根最初的轴线上打斜卷结。如图4-24（k）所示。

（26）按步骤（25）的方法再做3次，剪去余线烧粘，如图4-24（l）所示。

（27）用同样的方法做另一侧鱼鳍，如图4-24（m）所示。

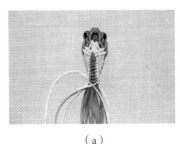
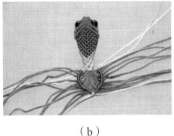
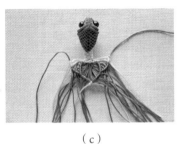

（a）　　　　　　　　　　（b）　　　　　　　　　　（c）

（d）　　　　　　　　　（e）　　　　　　　　　（f）

（g）　　　　　　　　　（h）　　　　　　　　　（i）

（j）　　　　　（k）　　　　　（l）　　　　　（m）

图4-24　金鱼的编结步骤（2）

（五）天鹅

天鹅

制作材料：5号线，粉色150厘米2根、100厘米2根，白色100厘米9根，红色20厘米1根；黄色线1小段；铁丝14厘米1根；活动眼睛1对。

（1）用红色5号线20厘米1根做8个雀头结，剪掉余线烧粘，做鹅冠。把黄色线剪成两段烧粘，做两片鹅嘴巴。如图4-25（a）所示。

（2）取粉色5号线150厘米2根打1次玉米结，如图4-25（b）所示。

（3）把鹅嘴巴塞进去，再用打火机把两片嘴巴烧粘在一起，如图4-25（c）所示。

（4）嘴巴朝外继续打2次玉米结，接着插进14厘米铁丝，如图4-25（d）所示。

（5）围绕铁丝继续打吉祥结24次，然后把脖子折弯，用玉米结的2根线和铁丝一起做轴，用打死结的方法，把其余11根100厘米的线系在上面。注意：先系2根粉的，再系9根白的。如图4-25（e）所示。

（6）在尾部，把2根粉色轴线弯成2个环做天鹅尾巴，用最上面的2条白线捆住尾巴线系一死结，然后拉下来分别做左右轴，用其余的挂线打斜卷结，如图4-25（f）所示。

（7）按照步骤（6）的打法，继续把尾部最上面的2根白线在底下系一死结，然后拉下来分别做左右轴，用其余的挂线打斜卷结，再打4次，如图4-25（g）所示。

（8）打鹅肚子：把鹅身翻过来使其肚子朝上，用最上面2根白线，打1个右手斜卷结，如图4-25（h）所示。

（9）另取右边1根线为轴，取左边2根线做绕线打1个右手斜卷结，共换线5次。余线塞肚子里。如图4-25（i）所示。

（10）把鹅身体侧过来，单侧有1根粉色线和5根白色线，把这6根线与另一侧对应的6根线，每2根为一组打6个死结，形成鹅的胸部，如图4-25（j）所示。

（11）把鹅的头朝上，胸部朝前，打两边的翅膀。右边翅膀：以最底下的1根线为轴，其余5根线做绕线打右手斜卷结。如图4-25（k）所示。

（12）以同样的方法共打8行斜卷结，如图4-25（l）所示。

（13）轴线折回，再打1行斜卷结，如图4-25（m）所示。

（14）用同样方法打左边翅膀，剪掉余线烧粘。用热熔胶粘好鹅冠和活动眼睛。如图4-25（n）所示。

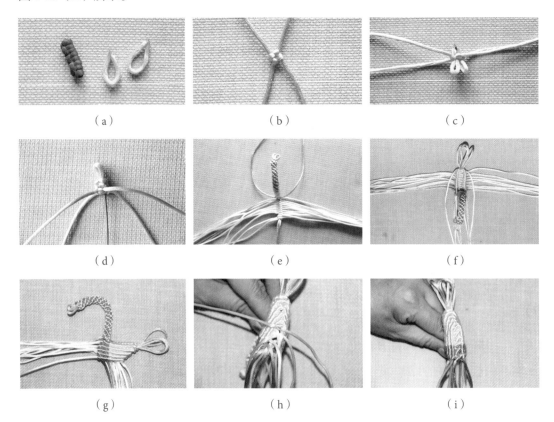

（a）　　　　　　　　　（b）　　　　　　　　　（c）

（d）　　　　　　　　　（e）　　　　　　　　　（f）

（g）　　　　　　　　　（h）　　　　　　　　　（i）

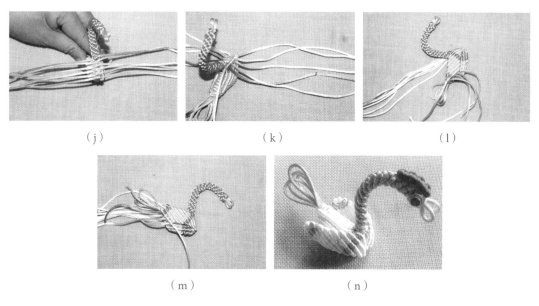

（j）　　　　　　　（k）　　　　　　　（l）

（m）　　　　　　　　　（n）

图4-25　天鹅的编结步骤

六、挂饰

（一）五彩柱结

制作材料：5号线，玫红色160厘米3根，孔雀蓝160厘米3根，金黄色160厘米3根，红色160厘米3根，绿色160厘米3根，大红色90厘米1根；银线若干。

五彩柱结

（1）做带头：取90厘米大红线对折，打1个双联结，居中打1个如意结，然后打1个双联结，如图4-26（a）所示。

（2）以3根线为一组，把玫红、孔雀蓝、金黄、红、绿5种颜色的线对折后互套，最后1组线的线头穿过第1组线的套环，如图4-26（b）所示。

（3）把5组线拉紧，如图4-26（c）所示。

（4）每组线一分为二打1个蛇结，共打5个蛇结，如图4-26（d）所示。

（5）把做好的带头穿过结体中心，在里面固定，如图4-26（e）所示。

（6）五组线按顺时针方向互压，打玉米结1次，如图4-26（f）所示。

（7）将五组线拉紧，按步骤（4）的方法，每组线一分为二，打1个蛇结，共打5个蛇结，然后五组线按顺时针方向互压，打玉米结1次，如图4-26（g）所示。

（8）按步骤（7）重复打，达到所需长度，最后取一截银线或金线，用绕线法把余线捆在一起，每根线头打八字节收尾，烧粘，如图4-26（h）所示。

（a）　　　　　　　　　（b）　　　　　　　　　（c）

（d）　　　　　　　　　（e）　　　　　　　　　（f）

（g）　　　　　　　　　（h）

图4-26　五彩柱结的编结步骤

（二）玫瑰绣球

制作材料：5号线，明绿色90厘米1根，翠绿色40厘米1根、30厘米1根、200厘米1根；金线若干；珠子2颗；流苏2个。

（1）用30厘米长的翠绿线打1个纽扣结，再走1次金线，如图4-27（a）所示。

（2）用40厘米长的翠绿线打1个十孔笼目结，把线调到一边，结形调小，长线跟着短线外沿走线，如图4-27（b）所示。

（3）长线沿着短线外沿跟线1次后再跟1次金线，完成第一个花瓣，如图4-27（c）所示。注意结体要密实。

（4）用明绿的线打1个十孔笼目结，把线调到一边，调整结形（比前一个花瓣大一些），如图4-27（d）所示。

（5）长线沿着短线外沿跟线2次，结体要密实，如图4-27（e）所示。

（6）用纽扣结穿过大小2个花瓣，1朵玫瑰花就做好了，如图4-27（f）所示。按同样的方法再做8朵玫瑰花。

（7）把9朵玫瑰花分成3组：第1组5朵扎在一起，第2组3朵扎一起，第3组1朵，如图4-27（g）所示。

（8）把第1组和第2组放一起，花朵之间用热熔胶粘在一起，剪去余线，把最后一朵放在有缝隙的地方，用热熔胶粘合。整形。如图4-27（h）所示。

（9）用200厘米长的翠绿线打1个双联结，然后打1个八道盘长结，打1个双联结，穿1颗珠子，再打1个双联结，穿过绣球的中心，打1个双联结和如意结，穿1颗珠子，打1个双联结，然后每根线穿1个流苏，最后剪去余线，把2个线头烧粘在一起。1个漂亮的绣球挂饰就做好了。如图4-27（i）所示。

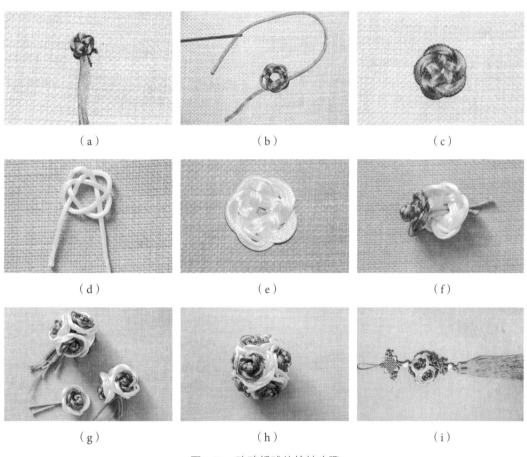

（a）　　　　　　　　（b）　　　　　　　　（c）

（d）　　　　　　　　（e）　　　　　　　　（f）

（g）　　　　　　　　（h）　　　　　　　　（i）

图4-27　玫瑰绣球的编结步骤

（三）三角香囊

制作材料：5号线，淡黄色30厘米3根，浅绿色40厘米3根，明绿色45厘米3根，嫩绿色50厘米3根，黄绿色55厘米3根，翠绿色60厘

三角香囊

米3根，墨绿色65厘米3根、70厘米3根、100厘米1根；小铃铛2个；流苏2个。

（1）取3根淡黄色30厘米线对折，互套并抽紧，形成3部分，每部分2根轴线。如图4-28（a）所示。

（2）分别以3组淡黄色线为轴，3根浅绿色线为绕线，打斜卷结，打完后3部分之间用斜卷结拼合，这时每部分有4根轴线，如图4-28（b）所示。

（3）按同样的方法，以3根明绿色的线为绕线，分别在4根轴线上打斜卷结，打完后3部分之间用斜卷结拼合，这时每部分有6根轴线，如图4-28（c）所示。

（4）按同样的方法，以3根嫩绿色的线为绕线，分别在6根轴线上打斜卷结，打完后3部分之间用斜卷结拼合，这时每部分有8根轴线，如图4-28（d）所示。

（5）按同样的方法，以3根黄绿色的线为绕线，分别在8根轴线上打斜卷结，打完后3部分之间用斜卷结拼合，这时每部分有10根轴线，如图4-28（e）所示。

（6）按同样的方法，以3根翠绿色的线为绕线，分别在10根轴线上打斜卷结，打完后3部分之间用斜卷结拼合，这时每部分有12根轴线，如图4-28（f）所示。

（7）按同样的方法，以3根65厘米墨绿色的线为绕线，分别在12根轴线上打斜卷结，打完后3部分之间用斜卷结拼合，这时每部分有14根轴线，再以3根70厘米墨绿色的线为绕线，分别在14根轴线上打斜卷结，打完后3部分之间用斜卷结拼合，如图4-28（g）所示。

（8）拼合：找到一开始互套的3处淡黄色的线，捏出3个角，把结体翻转过来，每个角都分别自上而下，两两相对，编斜卷结8次，边编边把余线藏于结体内，如图4-28（h）所示。

（9）用200厘米墨绿色的线打1个双联结，再打1个如意结，再打1个双联结，穿2个小铃铛，后穿过结体中心，再打1个双联结、酢浆草结，穿流苏，烧粘，如图4-28（i）所示。

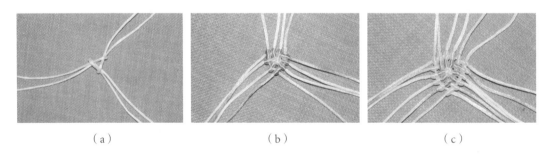

（a）　　　　　　　　　　（b）　　　　　　　　　　（c）

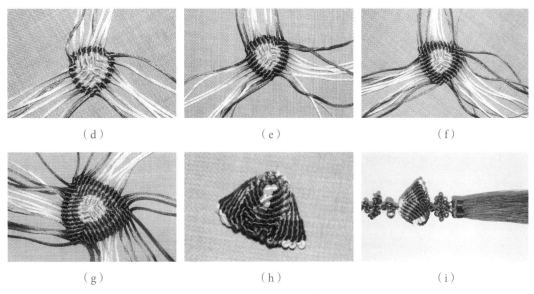

（d）　　　　　　　　　　（e）　　　　　　　　　　（f）

（g）　　　　　　　　　　（h）　　　　　　　　　　（i）

图4-28　三角香囊的编结步骤

（四）"百年好合"

制作材料：5号线，大红色150厘米10根、80厘米1根，黄色30厘米1根，孔雀蓝30厘米1根，彩色50厘米2根；小头2个；小珠子4颗；大珠子1颗；流苏2个。

1.靠背

（1）取1根150厘米线对折，找到中心点，接着用下半根做轴，把其余9根150厘米的线做绕线，分别打斜卷结，挂在轴上。注意，每条挂线挂好后，左右两边线长基本相等。如图4-29（a）所示。

（2）把上半根轴线折回来做轴，其余的挂线分别做绕线，从上到下依次打斜卷结。打完后两根轴交叉对打（取右边线做轴就打右手斜卷结，取左边线做轴就打左手斜卷结）。如图4-29（b）所示。

（3）把最上面的挂线拉下来分别做轴，用其余的挂线打斜卷结，打完后两根轴交叉对打（取右边线做轴就打右轮结，取左边线做轴就打左轮结），如图4-29（c）所示。

（4）按照步骤（3）的打法，再打10次，左右各有12排斜卷结，如图4-29（d）所示。

（5）把结体倒过来，线分左右两边。分别把左右两边最里面的那根线拉下来做轴，其余的线分别打斜卷结。如图4-29（e）所示。

（6）按照步骤（5）的打法，再打2次。注意：做过轴的线不再打进去。如图4-29（f）所示。

（7）结体再倒过来，先打右边：取最里面的轴线继续做轴，其余的线分别打斜卷结。用同样的方法完成左边。如图4-29（g）所示。

（8）左右两根轴线相互勾连，右线折回继续做轴，右边其余的线打斜卷结。最后2根不打。如图4-29（h）所示。

（9）抽紧左线后折回继续做轴，左边其余的线打斜卷结。最后2根不打。如图4-29（i）所示。

（10）留中间2根，打1个双联结，穿1颗大珠子，再打1个双联结，穿2个流苏。剪去其余的线烧粘。如图4-29（j）所示。

（11）取大红色80厘米的线打双联结，接着打如意结，最后打双联结。用其中1根绳穿过靠背，与另1根绳烧粘在一起。如图4-29（k）所示。靠背边沿可以绣上金线。

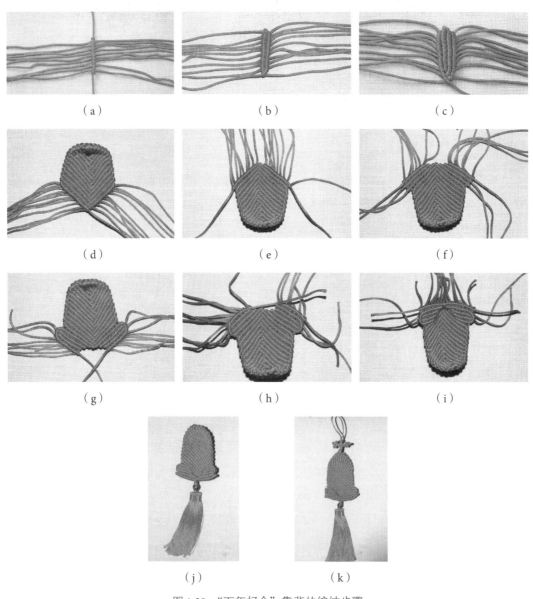

（a）　　　　　　　　　（b）　　　　　　　　　（c）

（d）　　　　　　　　　（e）　　　　　　　　　（f）

（g）　　　　　　　　　（h）　　　　　　　　　（i）

（j）　　　　　　　　　（k）

图4-29　"百年好合"靠背的编结步骤

2.小人

（1）取1根30厘米黄色线打1个双钱结，把线调到一边，如图4-30（a）所示。

（2）长线跟着短线走，走完后烧粘，做1顶小帽子。取1根孔雀蓝的30厘米线，用同样的方法，做另1顶小帽子。如图4-30（b）所示。

（3）取1根50厘米彩色线，中间打1个死结，对折穿过小人头；把2根轴分开，分别穿1颗小珠子。如图4-30（c）所示。

（4）2个线头折回来，以中间2根线为轴，打平结，如图4-30（d）所示。

（5）打3组平结后两根线头打死结，剪去余线，烧粘。把帽子粘小人头上。再用同样的方法做1个小人。如图4-30（e）所示。

（6）用热熔胶棒把小人粘在靠背上合适的位置，如图4-30（f）所示。

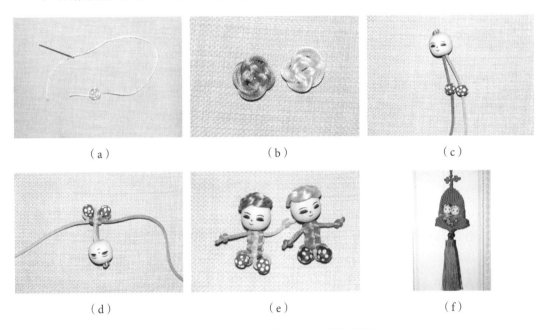

（a）　　　　　　　　　（b）　　　　　　　　　（c）

（d）　　　　　　　　　（e）　　　　　　　　　（f）

图4-30 "百年好合"小人的编结步骤

（五）"心心相印"

"心心相印"

制作材料：5号线，大红色60厘米16根、250厘米1根，孔雀蓝55厘米8根，玫红色50厘米8根，金黄色50厘米8根，粉红色50厘米4根；珠子2颗；流苏2个。

（1）取2根粉红色50厘米线，1根做轴，1根做绕线，在中心点打斜卷结，从而形成4根轴线，如图4-31（a）所示。

（2）在每根轴线上，按预先设计的颜色排列，以斜卷结分别挂5根绕线。以其中一

根轴为例：以金黄色做绕线打斜卷结，再以玫红色、孔雀蓝为绕线打斜卷结，最后以2根大红色的线为绕线打斜卷结。如图4-31（b）所示。

（3）用步骤（2）的办法，在其余的3根轴线上都分别挂5根绕线（颜色需对称），形成4个区间，如图4-31（c）所示。

（4）先打1个区间：以右边第1根为轴，左边5根线做绕线，打右手斜卷结；再以左边第1根为轴，右边4根线做绕线，打左手斜卷结。如图4-31（d）所示。

（5）以右边第1根为轴，左边4根线做绕线，打右手斜卷结；再以左边第1根为轴，右边3根线做绕线，打左手斜卷结。如图4-31（e）所示。

（6）以右边第1根为轴，左边3根线做绕线，打右手斜卷结；再以左边第1根为轴，右边2根线做绕线，打左手斜卷结。如图4-31（f）所示。

（7）以右边第1根为轴，左边2根线做绕线，打右手斜卷结；再以左边第1根为轴，右边1根线做绕线，打左手斜卷结。如图4-31（g）所示。

（8）以右边第1根为轴，左边1根线做绕线，打右手斜卷结，如图4-31（h）所示。

（9）按照步骤（5）—（8）的打法，打满对面另一个区间，如图4-31（i）所示。

（10）另外2个相对的区间，按以下方法各打1次：以右边第1根为轴，左边5根线做绕线，打右手斜卷结；再以左边第1根为轴，右边4根线做绕线，打左手斜卷结。如图4-31（j）所示。

（11）转动结体，分别把左右两边第1根线拉下来做轴，其余的线打斜卷结，打完后2根轴对打，如图4-31（k）所示。

（12）再把左右两边第1根线拉下来做轴，其余的线打斜卷结，打完后2根轴对打，如图4-31（l）所示。

（13）用同样的方法打另一边。这样1片就做好了，用同样的方法做另1片。如图4-31（m）所示。

（14）把2片拼合。可以从两头往中间，把两两相对的线用右手斜卷结拼接，边拼合边把余线塞进结体内。如图4-31（n）所示。

（15）拼接完成，如图4-31（o）所示。

（16）用250厘米的大红色的线打双联结和复翼盘长结，穿一个珠子，再打双联结，后从结体穿过，再打双联结，穿珠子，打双联结，挂流苏，如图4-31（p）所示。

（a）　　　　　　　　　　（b）　　　　　　　　　　（c）

（d）　　　　　　　　　　（e）　　　　　　　　　　（f）

（g）　　　　　　　　　　（h）　　　　　　　　　　（i）

（j）　　　　　　　　　　（k）　　　　　　　　　　（l）

（m）　　　　　　（n）　　　　　　（o）　　　　　　（p）

图4-31　"心心相印"的编结步骤

（六）"年年有余"

制作材料：5号线，大红色60厘米4根、70厘米2根、110厘米2根、130厘米2根、140厘米2根、150厘米2根、230厘米1根、30厘米2根、26厘米2根、20厘米2根，金黄色660厘米1根；活动眼睛1对；复翼盘长结1个；流苏1对；铃铛2个；珠子1个。

（1）取1根60厘米大红色的线做轴，按从左到右的顺序把下列线折中以斜卷结的形式挂在筋上：150厘米，140厘米，130厘米，110厘米，70厘米，60厘米，60厘米，60厘米，70厘米，110厘米，130厘米，140厘米，150厘米。挂好后把绕线调到轴线中央。如图4-32（a）所示。

（2）从右侧把第7根挂线拉下来做轴，其余挂线打斜卷结，如图4-32（b）所示。

（3）把结体旋转180度，再从右侧把第7根挂线拉下来做轴，其余挂线打斜卷结，如图4-32（c）所示。

（4）取左边第1根线做轴，右边的线做绕线打左手斜卷结，如图4-32（d）所示。

（5）用交叉做轴的方法，依次往下编，编完所有的线，如图4-32（e）所示。

（6）按照步骤（4）—（5）的打法编另一面，如图4-32（f）所示。

（7）结体侧过来，取上面2根线做经线，用大红色的230厘米线做绕线打斜卷结，打在左侧那根经线上，右边多出5厘米左右，然后以左侧这根长线为轴，其余12根线做绕线打右手斜卷结，如图4-32（g）所示。

（8）打到底下2根经线时，把刚才做轴的长线当绕线，在2根经线上打左手斜卷结，如图4-32（h）所示。

（9）把结体翻过来，继续以长线为轴，其余12根线打右手斜卷结。打到另1根经线时，把刚才做轴的长线当绕线，以经线为轴打左手斜卷结。如图4-32（i）所示。

（10）以左侧第1根经线为轴，取金黄色660厘米的线做绕线，左边多出5厘米左右，其余的线为轴，打一圈右手斜卷结，如图4-32（j）所示。

（11）按照步骤（7）—（9）的打法打第3圈：取红色的长线做轴，其余的线（两侧各有2根经线一直做轴）打斜卷结1圈，如图4-32（k）所示。

（12）取金黄色线按步骤10做第4圈，红色线按步骤11做第5圈。以同样的方法，用金黄色线第6圈，红线做第7圈，金黄色线第8圈。红线做第9圈时，两侧的轴的两边各减一根线（把线塞到鱼肚子里），一圈减了4根。如图4-32（l）所示。

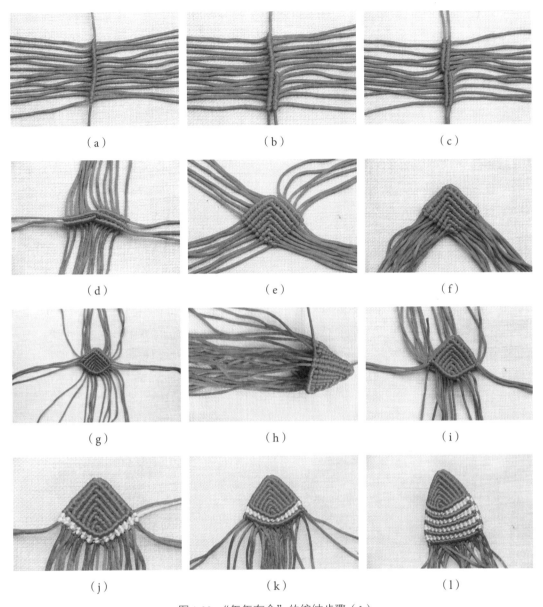

（a）　　　　　　　　　（b）　　　　　　　　　（c）

（d）　　　　　　　　　（e）　　　　　　　　　（f）

（g）　　　　　　　　　（h）　　　　　　　　　（i）

（j）　　　　　　　　　（k）　　　　　　　　　（l）

图4-32　"年年有余"的编结步骤（1）

（13）同上：第10圈减4根，第11圈不减。第12圈减4根后剩16根，红线做第13圈。如图4-33（a）所示。

（14）编3圈金黄色线，把多余的金黄色线塞进鱼肚，如图4-33（b）所示。

（15）把16根线上下合起来做轴，用长红线打斜卷结，共编8组，如图4-33（c）所示。

（16）把8组线一分为二，从中间拉出一根线做绕线，其余的线分别做轴编斜卷结，如图4-33（d）所示。

（17）再拉1根线做绕线，其余的线分别做轴编斜卷结，依次编完，如图4-33（e）

所示。

（18）用同样的方法编另一侧的尾巴，然后剪去余线烧粘，如图4-33（f）所示。

（19）做鱼鳍：在第6、7圈的两侧穿过2根30厘米的线对折，如图4-33（g）所示。

（20）接着以这4根线为轴，取2根20厘米的线做绕线分别打斜卷结，如图4-33（h）所示。

（21）用靠近尾巴的线做绕线，其余3根线做轴编斜卷结，依次编完，剪去余线烧粘，如图4-33（i）所示。

（22）用同样的方法做另一侧鱼鳍，如图4-33（j）所示。

（23）在适当的位置粘上活动眼睛，如图4-33（k）所示。

（24）用复翼盘长结、珠子、铃铛、流苏等饰物，做成挂饰，寓意"年年有余"，如图4-33（l）所示。

（a）　　　　　　　　　（b）　　　　　　　　　（c）

（d）　　　　　　　　　（e）　　　　　　　　　（f）

（g）　　　　　　　　　（h）　　　　　　　　　（i）

（j） （k） （l）

图4-33 "年年有余"的编结步骤（2）

习题与训练

1.运用金刚结、纽扣结、平结等，创意设计并制作1条手链。

2.运用龟背结、玉米结编1个小乌龟。

3.运用斜卷结、平结编1条小金鱼。

4.运用斜卷结、平结编1对小天鹅。

5.运用双联结、复翼盘长结和斜卷结，编1个"年年有余"的挂饰。

6.运用基本结、变化结，创意设计并制作1个结饰品。